9급 공무원

기출문제
정복하기

화|학|공|학|일|반

9급 공무원 화학공학일반
기출문제 정복하기

초판 발행	2022년 1월 7일
개정판 발행	2023년 1월 13일

편 저 자	공무원시험연구소
발 행 처	㈜서원각
등록번호	1999-1A-107호
주 소	경기도 고양시 일산서구 덕산로 88-45(가좌동)
대표번호	031-923-2051
팩 스	031-923-3815
교재문의	카카오톡 플러스 친구[서원각]
영상문의	070-4233-2505
홈페이지	www.goseowon.com
책임편집	정유진
디 자 인	김한울

Preface

모든 시험에 앞서 가장 중요한 것은 출제되었던 문제를 풀어봄으로써 그 시험의 유형 및 출제경향, 난도 등을 파악하는 데에 있다. 즉, 최단시간 내 최대의 학습효과를 거두기 위해서는 기출문제의 분석이 무엇보다도 중요하다는 것이다.

'9급 공무원 기출문제 정복하기 – 화학공학일반'은 이를 주지하고 그동안 시행되어 온 지방직 및 서울시 기출문제를 연도별로 깔끔하게 정리하여 담고, 문제마다 상세한 해설과 함께 관련 이론을 수록한 군더더기 없는 구성으로 기출문제집 본연의 의미를 살리고자 하였다.

공업직 공무원 시험의 경쟁률이 해마다 점점 더 치열해지고 있다. 이럴 때일수록 기본적인 내용에 대한 탄탄한 학습이 빛을 발한다. 수험생은 본서를 통해 변화하는 출제경향을 파악하고 학습의 방향을 잡아 효율적으로 학습할 수 있을 것이다.

1%의 행운을 잡기 위한 99%의 노력!
본서가 수험생 여러분의 행운이 되어 합격을 향한 노력에 힘을 보탤 수 있기를 바란다.

Structure

● 기출문제 학습비법

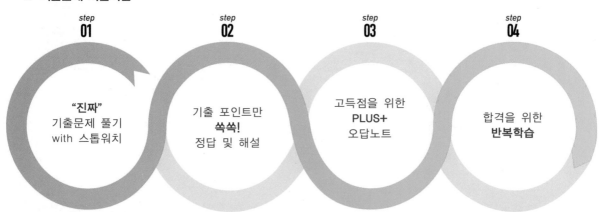

step 01	step 02	step 03	step 04
"진짜" 기출문제 풀기 with 스톱워치	기출 포인트만 쏙쏙! 정답 및 해설	고득점을 위한 PLUS+ 오답노트	합격을 위한 반복학습

실제 출제된 기출문제를 풀어보며 시험 유형과 출제 패턴을 파악해 보자! 스톱워치를 활용하여 풀이 시간을 체크해 보는 것도 좋다.

정답을 맞힌 문제라도 꼼꼼한 해설을 통해 기초부터 심화 단계까지 다시 한 번 학습 내용을 확인해 보자!

오답분석을 통해 내가 취약한 부분을 파악하자. 직접 작성한 오답노트는 시험 전 큰 자산이 될 것이다.

합격의 비결은 반복학습에 있다. 집중하여 반복하다보면 어느 순간 모든 문제들이 내 것이 되어 있을 것이다.

● 본서의 특징 및 구성

- 기출문제분석
최신 기출문제를 비롯하여 그동안 시행된 기출문제를 수록하여 출제경향을 파악할 수 있도록 하였습니다. 기출문제를 풀어봄으로써 실전에 보다 철저하게 대비할 수 있습니다.

- 상세한 해설
매 문제 상세한 해설을 달아 문제풀이만으로도 학습이 가능하도록 하였습니다. 문제풀이와 함께 이론정리를 함으로써 완벽하게 학습할 수 있습니다.

Contents

공무원 시험 기출문제 : 화학공학일반

Success is the ability to go from one failure
to another with no loss of enthusiasm.

Sir Winston Churchill

공무원 시험
기출문제

화학공학
일반

1 단위들의 정의 중 옳지 않은 것은?

① $Pa = kg \cdot m^{-1} \cdot s^{-2}$

② $J = kg \cdot m^2 \cdot s^{-2}$

③ $J = N \cdot m$

④ $J = Pa \cdot m^2$

2 분체의 크기를 줄이는 장비가 아닌 것은?

① 파쇄기(crusher)

② 결정화기(crystallizer)

③ 롤러밀(roller mill)

④ 마멸밀(attrition mill)

3 25mm 두께의 섬유로 된 단열재의 내벽 온도는 353K이고 외벽 온도는 298K이다. 단열재에서의 단위면적당 열손실[W/m^2]은? (단, 사용된 단열재의 열전도도는 0.05W/m · K이다)

① 80

② 90

③ 100

④ 110

4 비점 상태에 있는 포화증기(saturated vapor)가 공급흐름(feed stream)으로 공급단(feed stage)에 유입된다. 공급흐름이 80 몰% 메탄올과 20 몰% 물로 구성되어 있을 때 공급선(feed line)을 나타내는 식으로 옳은 것은?

① $y = 0.8$

② $y = 0.4$

③ $y = 0.2$

④ $y = -x + 2$

---

1 ① $Pa = N \cdot m^{-2} = kg \cdot m \cdot m^{-2} \cdot s^{-2} = kg \cdot m^{-1} \cdot s^{-2}$

② $J = N \cdot m = kg \cdot m \cdot s^{-2} \cdot m = kg \cdot m^2 \cdot s^{-2}$

③ $J = N \cdot m$

④ $Pa \cdot m^2 = N \cdot m^{-2} \cdot m^2 = N = kg \cdot m \cdot s^{-2} \neq J$

2 ① 파쇄기(crusher) : 고체를 부스러뜨리거나 종이를 갈아버리는 기계

② 결정화기(crystallizer) : 액체 용액 또는 용융 등의 다른 상에서 고체 결정 형성을 이루는 기계

③ 롤러밀(roller mill) : 고속회전에서 얻어지는 원심력을 이용하여 충격판에서 분쇄되게 하는 기계

④ 마멸밀(attrition mill) : 반대 방향으로 회전하는 두 개의 톱니 모양의 금속 디스크 사이에 재료를 분쇄하는 기계

3 전도와 관련된 식을 이용한다. $q = k(T_2 - T_1)/\triangle L$

파라미터 값 : $k = 0.05W/m \cdot K$, $T_1 = 298K$, $T_2 = 353K$, $\triangle L = 25 \times 10^{-3}m$

∴ $q = 0.05(353 - 298)/(25 \times 10^{-3}) = 110W/m^2$ 이다.

4 Feed line과 관련된 식 $y = q/(1-q)x + z_F/(1-q)$을 이용한다. 포화상태에서는 $q = 0$이고, 이를 식에 대입하면 $y = z_F$이다. (여기서 z_F는 혼합물 속에 더 휘발성인 물질의 몰분율을 의미한다.)

∴ 메탄올이 물보다 더 휘발성한 성질을 가지기 때문에 최종적인 식은 $y = 0.8$이다.

정답 및 해설 1.④ 2.② 3.④ 4.①

5 정류(rectification)공정에서 환류비가 커지면 일어나는 현상으로 옳지 않은 것은?

① 제품의 순도가 높아진다.
② 정류탑의 단수가 작아진다.
③ 가열과 냉각에 따른 비용이 증가한다.
④ 제품의 생산량이 증가한다.

6 내경이 10cm인 원형 파이프 내부로 유체가 층류로 흐를 때, 원형 파이프 중심에서의 유속이 10m/s라고 하면 파이프 벽면으로부터 1cm 떨어진 지점에서 유체의 유속[m/s]은?

① 2.2 ② 2.6
③ 2.8 ④ 3.6

7 여과공정에 사용되는 여과조제(filter aid)에 요구되는 성질로 옳지 않은 것은?

① 여액과 화학반응을 일으켜야 한다.
② 다공성으로 표면적이 크고 비중이 액과 같아야 한다.
③ 입자가 균일하고 견고해야 한다.
④ 비압축성이어야 한다.

8 밀도가 0.5g/cm^{3}인 유체가 내경이 10cm인 파이프 내부를 층류의 형태로 흐르고 있다. 유체의 점도가 0.5cP일 때, 파이프에 흐르는 유체의 최대 유속[cm/s]은? (단, Re ≤ 2,100 영역에서 층류가 형성된다)

① 1.1 ② 2.1
③ 11 ④ 21

9 이상용액 거동을 하는 벤젠과 톨루엔의 혼합용액이 850mmHg, 90℃에서 기상과 액상이 평형 상태에 도달하였다. 순수한 벤젠과 톨루엔의 증기압이 각각 1,200mmHg와 500mmHg라고 할 때, 기상에 존재하는 벤젠의 몰분율은? (단, 몰분율은 소수점 둘째 자리에서 반올림한다)

① 0.5

② 0.6

③ 0.7

④ 0.8

---

5 ① 환류는 각 단의 액체조성을 일정하게 유지하므로 환류비$(R=\dfrac{L}{D})$가 커지면 제품의 순도가 높아진다.

② 환류비는 상층부 조작선을 조절할 수 있다. 일반적으로 환류비가 커지면 상층부 조작선의 기울기는 커지고 이는 정류탑의 단수를 낮게 하는 요인으로 작용한다.

③ 환류비$(R=\dfrac{L}{D})$가 커지면 다시 정류탑으로 냉각시켜 보내야 하는 양이 커지므로 냉각에 따른 비용이 증가한다.

④ 환류비$(R=\dfrac{L}{D})$가 커지면 환류되는 양이 많아지므로 유출되는 양은 적어진다.

6 속도분포 $u(r)=u_{\max}(1-r^2/R^2)$

($u_{\max}$: 중심에서의 최대유속, R : 파이프 반지름, r : 파이프 중심으로부터 벽면까지의 거리)

파라미터 값 : $u_{\max}=10$m/s이며, R=5cm, r=4cm

∴ $u=10(1-16/25)=3.6$m/s 이다.

7 ① 여과조제가 여액과 화학반응을 하면 원하는 제품을 얻을 수 없으므로 옳지 못한 설명이다.

② 비표면적이 넓을수록 여과 효율이 좋고, 비중이 액과 같아야 액과 여과조제간의 분리가 일어나지 않는다.

③ 입자가 균일하고 견고해야 일정한 여액을 지속적으로 얻을 수 있다.

④ 여과조제는 견고해야 하므로 비압축성이어야 한다.

8 레이놀즈 수 $Re=\dfrac{puD}{\mu}$ 식을 이용한다. (ρ : 밀도, u : 유속, D : 파이프 직경, μ : 점도)

층류형태에서 최대유속일 때 Re 값 : 2,100

∴ $Re=\dfrac{puD}{\mu}$ ⇒ $2,100=(0.5\text{g/cm}^3\times u\times10\text{cm})/(0.5\times10^{-2}\text{g/cm}\cdot\text{s})$ ⇒ u=2.1cm/s가 된다.

9 ㉠ $P_{total}=x_1P_1^*+P_2^*(1-x_1)$

(P_1^* : 벤젠의 순수한 기체의 압력, P_2^* : 톨루엔의 순수한 기체의 압력, x_1 : 벤젠의 액상에서의 몰분율)

850mmHg = 1,200mmHg$\times x_1$ + 500mmHg$(1-x_1)$ ∴ $x_1=0.5$

㉡ $y_1=P_1/P_{total}=\dfrac{x_1P_1^*}{P_{total}}$ (y_1 : 벤젠의 기상에서의 몰분율)

∴ $y_1=(0.5\times1,200\text{mmHg})/850\text{mmHg}≒0.7$

정답 및 해설 5.④ 6.④ 7.① 8.② 9.③

10 1atm 하에 있는 메탄올 수용액에서 메탄올의 몰분율이 0.4이다. 물에 대한 메탄올의 상대휘발도(α)는 4.00이다. 이때 기상에 존재하는 메탄올의 몰분율은? (단, 몰분율은 소수점 셋째 자리에서 반올림한다)

① 0.63

② 0.73

③ 0.78

④ 0.82

11 기체의 누센(Knudsen) 확산에 대한 설명으로 옳지 않은 것은?

① 누센 확산은 고압의 상황에서 주로 발생한다.

② 기체분자의 평균자유경로가 모세관의 직경보다 매우 큰 경우에 발생한다.

③ 기체분자가 모세관 벽과 충돌하는 현상이 중요하게 인식된다.

④ 기체분자의 평균속도는 분자량의 제곱근에 반비례한다.

12 2개의 관을 연결할 때 사용하는 관 부속품이 아닌 것은?

① 플랜지(flange)

② 구형밸브(globe valve)

③ 커플링(coupling)

④ 유니온(union)

13 액체추출장치에 대한 설명으로 옳지 않은 것은?

① 충전추출탑(packed extraction tower)에서는 미분접촉이 일어나며 혼합과 침강이 동시에 진행된다.

② 원심추출기(centrifugal extractor)는 작은 공간에서 많은 이론접촉단을 갖는다.

③ 다공판탑(perforated plate tower)은 다공판을 통해 액적의 재형성 및 재분산이 일어나게 한다.

④ 맥동탑(pulse column)에서는 충전물이나 다공판이 필요 없다.

---

10 기액평형과 비휘발도(α)와의 관계에 대한 식 $y = \dfrac{\alpha x}{1 + (\alpha - 1)x}$ (y : 기상에서의 몰분율, x : 액상에서의 몰분율)을 이용한다. 비휘발도는 4.0이고 액상에서의 몰분율은 0.4이므로 식에 대입하여 값을 구하면

$$y = \frac{4 \times 0.4}{1 + (4-1)0.4} = 0.727 \fallingdotseq 0.73$$

11 크누센 확산은 기체가 기공을 통과할 때, 기공의 크기가 분자의 평균 자유 이동거리보다 작을 경우, 이때 다른 분자들과 충돌하는 분율보다 벽과 충돌한 분율이 더 크게 되는 상황에서 발생된다. 따라서 한 분자가 움직이면서 다른 분자와 충돌할 때까지 움직이는 거리인 평균자유경로(mean free path)에 의존한다.

① 고압인 상황에는 $PV = nRT$에서 $P = \dfrac{n}{V}RT = CRT$ 즉 농도가 높아짐을 의미하므로 입자가 벽에 충돌하는 비율보다 입자끼리 서로 충돌하는 비율이 커질 수 있다. 따라서 크누센 확산이 잘 일어나지 않기 때문에 옳지 않은 설명이다.

② 기공의 크기가 분자의 평균 자유 이동거리보다 작을경우에 해당되므로 옳은 설명이다.

③ 다른 분자들과 충돌하는 분율과 벽과 충돌하는 분율에 관한 것이므로 옳은 설명이다.

④ 기체분자의 평균속도는 $v_s = \sqrt{3RT/M}$와 연관이 있으므로 옳은 설명이다.

12 ① 플랜지 : 관과 관, 관과 다른 기계 부분(밸브, 배관, 관 이음쇠)을 결합할 때 쓰는 부품

② 구형밸브 : 관로의 도중이나 용기에 설치하여, 유체의 유량 및 압력 등의 제어를 하는 장치

③ 커플링 : 관과 관을 연결하며, 2개 회전축을 서로 연결하여 동력을 전달하는 장치

④ 유니온 : 관과 관을 연결 및 분해 할 수 있는 장치

13 ① 충전추출탑 : 분무 추출탑에 링이나 안장형의 충전물을 채워 액체 방울들이 탑을 통과하는 동안 자주 재 분산 되어 추출 효율을 높인 것이다. 분무 추출탑처럼 작은 방울형태로 미분접촉하면서 혼합과 침강이 동시에 일어난다.

② 원심추출기 : 무거운 액체는 나선형의 바깥면을 따라 외측으로 이동하고 가벼운 액체는 안쪽면을 따라 내측으로 이동되며 추출하는 장비이다. 원심 추출기는 가격이 비싸 사용이 제한되는 편이나 적은 공간에서 접촉단 효율이 높아 체류시간이 짧은 장점을 가지고 있다.

③ 다공판탑 : 액체 방울의 생성 소멸이 1회에 그치는 분무탑의 단점을 해결한 것으로 분산상이 다공판의 구멍을 통해 흘러 다음 다공판의 아랫부분 또는 윗부분에 모이게 된다. 이렇게 모인 분산상의 액체는 다공판에 의해 재 분산된다.

④ 맥동탑 : 작은 진폭의 빠른 운동을 함으로써 정상적인 흐름을 유지하면서도 전체 내용물을 맥동시킨다. 맥동탑은 보통의 충전물이나 특수한 체판을 갖는다.

정답 및 해설 10.② 11.① 12.② 13.④

14 화력발전소를 운전하기 위해 600K의 수증기를 생산하고 300K의 강물을 이용하여 열을 제거한다면 이 화력발전소의 최대 열효율은?

① 0.3
② 0.4
③ 0.5
④ 0.6

15 일정한 등압 몰 열용량 $C_{p,m}$을 갖는 n 몰의 이상기체가 등온과정과 등압과정을 거칠 때, 각각의 과정에서의 엔트로피(entropy) 변화를 나타낸 식은? (단, 등온과정에서 압력은 P_1에서 P_2로 변화하였고, 등압과정에서 온도는 T_1에서 T_2로 변화하였으며, $\Delta U = Q + W$로 정의한다)

등온   등압

① $nR\ln(P_1 - P_2)$ $nC_{p,m}\ln(T_2/T_1)$

② $nR\ln(P_1/P_2)$ $nC_{p,m}\ln(T_2/T_1)$

③ $nR\ln(P_1/P_2)$ $nC_{p,m}\ln(T_1/T_2)$

④ $nR\ln(P_1 - P_2)$ $nC_{p,m}\ln(T_2 - T_1)$

16 다음 열역학 식에 대한 설명 중 옳지 않은 것은? (단, $\Delta U = Q + W$로 정의한다)

① 단열과정에서는 $dU = dW$이다.
② 등압과정에서는 $dH = dQ$이다.
③ 등온과정에서는 $dH = dW$이다.
④ 정적과정에서는 $dU = dQ$이다.

17 정지된 하부평판 위에 수평하게 형성된 두께 0.5mm의 액막 위를 상부평판이 1m/s의 일정한 속도로 하부평판과 평행하게 이동하고 있을 때 전단응력은 2N/m²이었다. 액막의 두께가 1mm로 증가할 경우 전단응력[N/m²]은? (단, 유체는 뉴턴의 점성법칙을 따른다)

① 1   ② 2

③ 3   ④ 4

---

14 열 효율 : $(1-h_C/h_H)$, 파라미터 값 : h_C =300K, h_H= 600K

$\therefore (1-h_C/h_H) \Rightarrow (1-300/600) = 0.5$

15 $dQ=dW+dE$이고, $dW=PdV$, $dE=nC_v dT$이므로 $dQ=PdV+nC_v dT$로 변형된다. 양변에 T로 나누어 주고 적분을 하게 된다면 $\Delta S=\int_1^2 \frac{dQ}{T}=\int_{V_1}^{V_2} nR\frac{dV}{V}+\int_{T_1}^{T_2} nC_v\frac{dT}{T}$로 엔트로피 변화를 구할 수 있다.

(이상기체라고 했으므로, $PV=nRT$에서 $P=\dfrac{nRT}{V}$). 따라서 적분을 하고 난 후에 정리를 하면 엔트로피 변화

량은 $\Delta S=\int_1^2 \frac{dQ}{T}=nR\ln\frac{V_2}{V_1}+nC_v\ln\frac{T_2}{T_1}$ 다음과 같은 식으로 정리가 된다.

등온과정인 경우 $T_1 = T_2$이며, 이상기체 이므로 $(P_1/P_2) = (V_2/V_1)$이 적용된다. 따라서 등온과정에서의 엔트로피 변화량은 $\Delta S=nR\ln(P_1/P_2)$이다. 등압과정인 경우 $P_1 = P_2$이므로 이는 $V_1 = V_2$와 동일한 의미이다. 따라서 등압과정의 엔트로피 변화량은 $\Delta S=nC_v\ln(T_2/T_1)$이다.

16 ① 단열과정에서는 $Q=0$이므로 $dU=dW$이다.

② 등압과정에서는 $W=-P\Delta V$이며 $\Delta H = \Delta U + P\Delta V$이므로 정리하면, $dH=dQ$이다.

③ 등온과정에서는 $\Delta U=0$이므로 $dQ=dW$이다.

④ 정적과정에서는 $\Delta V=0$이므로 $W=-P\Delta V=0$이다. 따라서 $dU=dQ$이다.

17 전단응력 : $\tau=\mu(v/h)$을 이용한다. (μ : 점도, v : 속도, h : 액막의 두께)

$2\text{N/m}^2 = C/0.5\text{mm}$ (여기서 $C=\mu\times v$이며 점도와 속도가 일정하기 때문에 상수로 간주한다.)

$\therefore \tau= C/1.0\text{mm}, \; \tau=1\text{N/m}^2$

정답 및 해설   14.③   15.②   16.③   17.①

18 지름이 10cm인 구리공을 373K에서 423K로 가열하는 데 30분이 소요되었다. 이 온도 범위에서 구리공의 평균 밀도와 평균 비열이 각각 9,000kg/m³, 0.4kJ/kg·K라 할 때, 구리공을 통한 평균 열전달률[W]은? (단, 원주율 π는 3으로 가정한다)

① 30   ② 45

③ 50   ④ 90

19 어떤 유체가 내경 5cm인 관 속을 흐르다가 내경 10cm인 관 속으로 흘러 들어간다. 이때 내경 10cm인 관 속에서의 평균유속이 2m/s 였다면, 내경 5cm인 관 속에서의 평균유속[m/s]은?

① 1   ② 2

③ 4   ④ 8

20 이상기체 상태방정식이 가장 잘 적용되는 온도와 압력 조건은?

① 고온 고압   ② 고온 저압

③ 저온 고압   ④ 저온 저압

18 구리공에 전달된 에너지를 이용한다. $Q = mC_p \Delta T$

- $V = 4/3\pi R^3$ 을 이용하면, $V = (4/3 \times \pi \times (5\text{cm})^3 \times 10^{-6}\text{m}^3/\text{cm}^3) = 5 \times 10^{-4}\text{m}^3$
- $m = \rho V = 9,000\text{kg}/\text{m}^3 (5 \times 10^{-4}\text{m}^3) = 4.5\text{kg}$
- $Q = mC_p \Delta T = 4.5\text{kg} \times 400\text{J}/\text{kg} \cdot \text{K} \times 50\text{K} = 90,000\text{J}$

∴ 평균 열전달률은 가한 에너지에 시간으로 나누어 주어야 하므로 $90,000\text{J}/1,800\text{s} = 50\text{W}$이다.

19 관의 크기가 변경되어도 유체의 부피유속은 일정하다.

∴ $u_1 A_1 = u_2 A_2$의 식이 성립된다.

- $u_2 = 2\text{m/s}$, $A = \pi/4 \times D^2$, $D_1 = 5\text{cm}$, $D_2 = 10\text{cm}$
- $u_1(\pi/4)D_1^2 = u_2(\pi/4)D_2^2$에서 $u_1(5\text{cm})^2 = 2 \times (10\text{cm})^2$

∴ $u_1 = 8\text{m/s}$이다.

20 이상기체는 기체입자간의 상호작용이 없는 것이 전제이다. 온도의 관점에서는 저온일수록 입자간 거리가 가까워진다. 따라서 입자간의 상호작용이 발생하지 않도록 하기 위해서는 고온일수록 좋다. 압력의 관점에서는 압력이 높을수록 입자간의 상호작용이 발생한다. 따라서 저압으로 해야 이상기체 상태방정식에 가장 잘 적용되는 조건이다.

정답 및 해설 18.③ 19.④ 20.②

1 다음 단위의 표기 중 옳은 것은?

① $W = J \cdot s$

② $Pa = J/m^2$

③ $N = J \cdot m$

④ $W = kg \cdot m/s^2$

⑤ $J = kg \cdot m^2/s^2$

2 Butane(C_4H_{10})의 완전연소 반응으로 생성된 이산화탄소의 질량이 88g이었다. 반응에 참여한 초기 Butane의 양이 60g이었을 때 미반응된 Butane의 양은 얼마인가? (단, 원자량은 탄소=12, 수소=1, 산소=16이다)

① 2g

② 16.5g

③ 29g

④ 31g

⑤ 45.5g

3 어떤 물질의 밀도가 5g/cm^{3}이라면 비중량은 얼마인가?

① $0.0196N/m^3$

② $49,000N/m^3$

③ $0.196N/m^3$

④ $0.490N/m^3$

⑤ $1.96N/m^3$

4 정류탑에서 원료 공급선의 기울기가 0인 경우는?

① 공급물이 포화액체일 경우

② 공급물이 포화증기일 경우

③ 공급물이 증기와 액체의 1 : 1 혼합물일 경우

④ 공급물이 과열증기일 경우

⑤ 공급물이 비점의 액일 경우

---

1 ① $W = J/s$

② $Pa = N/m^2$

③ $N = kg \cdot m/s^2$

④ $W = J/s = m \cdot N/s = kg \cdot m^2/s^3$

2 부탄의 연소반응식 : $2C_4H_{10} + 13O_2 \rightarrow 10H_2O + 8CO_2$

몰수 = 질량/분자량, 부탄의 몰수 : $(60g)/(58g/mol) = 1.03mol$, 이산화탄소 몰수 : $(88g)/(44g/mol) = 2mol$

① 반응 전 : 부탄 1.03mol, 이산화탄소 : 0mol

② 반응 후 : 부탄 1.03mol$-2x$, 이산화탄소 : 0mol$+8x$, ∴ $8x = 2mol$이므로 $x = 1/4mol$

③ 미 반응한 부탄의 몰수 : $1.03mol - 2 \times 1/4 = 0.53mol$

∴ 미 반응한 부탄의 질량 : $0.53mol \times 58g/mol ≒ 31g$

3 밀도는 질량을 부피로 나눈 값이고 비중량은 무게를 부피로 나눈 값이므로 밀도에 중력가속도를 곱하면 비중량이 된다.

∴ $5g/cm^3 \times (100cm)^3/(1m)^3 \times 1kg/1,000g \times 9.8m/s^2 = 49,000kg \cdot m/m^3 \cdot s^2 = 49,000N/m^3$

4 ① 공급물이 비점인 포화액체일 경우 $q=1$이며, 원료선의 기울기는 무한대가 된다.

② 공급물이 포화증기일 경우 $q=0$이며, 원료선의 기울기 0(zero)이 된다

③ 공급물이 증기와 액체의 1:1 혼합물일 경우 q는 $0<q<1$이며, 원료선의 기울기는 음(negative)의 부호를 가지면서 0(zero)과 무한대(∞)사이에 존재한다.

④ 공급물이 과열 증기일 경우 q는 음의 값을 가지며, 원료선의 기울기는 0과 1사이에 존재한다.

⑤ 공급물이 비점이하의 차가운 액인 경우 q는 1보다 큰 값을 보이며 원료선의 기울기도 1보다 큰 양의 부호를 갖는다.

정답 및 해설 1.⑤ 2.④ 3.② 4.②

5 그림과 같이 A, B, C의 라인으로 성분이 다른 고분자용액이 혼합기로 유입되어, P라인으로 시간당 4,000kg의 접착제가 생산된다. A라인은 500kg/hr로 주어진다면, B와 C라인의 유입량은?

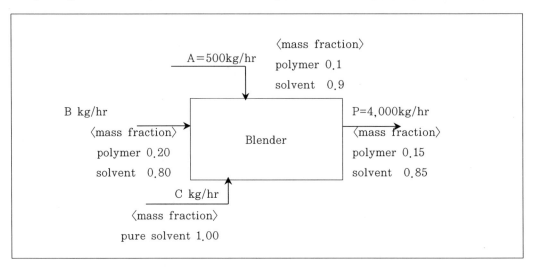

① B=3,500kg/hr, C=0kg/hr

② B=2,750kg/hr, C=750kg/hr

③ B=1,750kg/hr, C=1,750kg/hr

④ B=750kg/hr, C=2,750kg/hr

⑤ B=0kg/hr, C=3,500kg/hr

6 $\dfrac{Y(s)}{X(s)} = \dfrac{1}{s^2 + 4s + K_c}$ 에서 단위계단 응답이 임계감쇠가 되기 위한 K_c의 값은?

① 0.25   ② 0.5

③ 1   ④ 2

⑤ 4

7 다음 그림은 두께$(r_2 - r_1)$인 고체 tube 안에 온도 T_1인 유체가 채워져 있는 단면을 나타낸다. 위치 r_1인 tube 안쪽 면에서의 온도는 T_1이고, 위치 r_2인 tube 바깥 면에서의 온도는 T_2로 유지된다고 가정할 때, 열전도도가 k인 고체 내부의 온도는 $\dfrac{d}{dr}(rq_r) = 0$ 식을 따른다. 반경 r_1에서의 열플럭스를 q_{r1}이라 할 때, $r_1 q_{r1}$을 구하면?

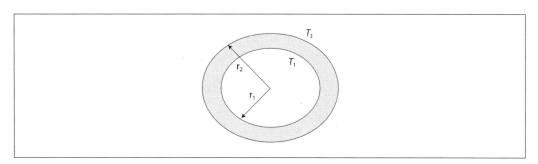

① $k\dfrac{T_1 - T_2}{r_2 - r_1}$

② $k\dfrac{\ln(T_1/T_2)}{\ln(r_2/r_1)}$

③ $k\dfrac{T_1 - T_2}{\ln(r_2/r_1)}$

④ $k\dfrac{T_1 - T_2}{\ln(r_1/r_2)}$

⑤ $k\dfrac{T_1 - T_2}{r_1 - r_2}$

---

5 전체 물질 수지식 : P = A + B + C = 4,000kg/hr

Polymer에 대한 물질수지식 : $4,000 \times 0.15 = 500 \times 0.1 + B \times 0.2$ ∴ B=2,750kg/hr

∴ 전체 물질 수지식에 의해 $4,000 = 500 + 2,750 + C$ ∴ C=750kg/hr

6 일반적인 2차 공정의 전달 함수 : $G(s) = K/(\tau^2 s^2 + 2\zeta\tau s + 1)$

임계감쇠 응답을 보이기 위해서는 감쇠비(ζ)가 1이 되도록 K_c를 설정해야한다.

분모의 상수 계수를 1로 설정하기 위해 분모의 2차식을 K_c로 나누어 준다.

∴ $\tau^2 = 1/K_c$, $2\zeta\tau = 4/K_c$인 두 식을 얻게 되며 $\tau = \sqrt{1/K_c}$, $\zeta = 1$(임계감쇠를 갖기 위해서)이다.

최종적으로 $2 \times 1 \times \sqrt{1/K_c} = 4/K_c \Rightarrow 1/K_c = 4/K_c^2 \Rightarrow K_c = 4$

7 Shell energy balance : $Aq_r|_r - Aq_r|_{r+\triangle r} = 0 \Rightarrow 2\pi Lr q_r|_r - 2\pi Lr q_r|_{r+\triangle r} = 0$

양변을 $2\pi Lr\triangle r$로 나누고 $\triangle r \to 0$으로 하면 $-d(rq_r)/dr = 0$, ∴ $rq_r = c$ or $q = -kdT/dr = c/r$

변수분리 후 양변 적분 : $c\ln r = -kT + a$,

① $T = T_1$ at $r = r_1$ 경우 $c\ln r = -kT + a \Rightarrow c\ln r_1 = -kT_1 + a$

② $T = T_2$ at $r = r_2$ 경우 $c\ln r_2 = -kT_2 + a$

∴ ②에서 ①을 빼면 $c\ln(r_2/r_1) = k(T_1 - T_2)$ ∴ $c = k(T_1 - T_2)/\ln(r_2/r_1)$

정답 및 해설 5.② 6.⑤ 7.③

8 그림에 보이는 $P-V$ 선도에서 어떤 엔진의 A→B→C→A의 순환공정은 A→B는 2atm의 등압공정, B→C는 2L의 등적공정, C→A는 $(P-2)^2+(V-2)^2=1$을 만족하는 가역공정으로 구성되어 있다. 이 엔진이 행한 일의 양은? (단, 닫힌계이며, 압력 P는 atm, 부피 V는 L 이다)

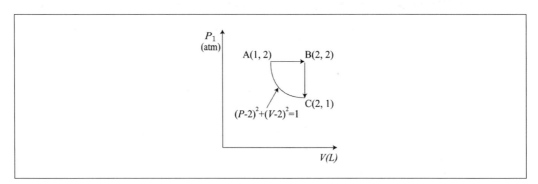

① $\dfrac{1}{4}\pi\text{atm} \cdot \text{L}$

② $2-\dfrac{1}{4}\pi\text{atm} \cdot \text{L}$

③ $2-\pi\text{atm} \cdot \text{L}$

④ $\pi\text{atm} \cdot \text{L}$

⑤ $2\text{atm} \cdot \text{L}$

9 엔탈피가 온도와 압력의 함수일 때$(H=H(T,\ P))$, 미분형태의 dH를 dT와 dP로 옳게 표현한 것은?

① $dH= C_P\dfrac{dT}{T}-\left(\dfrac{\partial V}{\partial T}\right)_P dP$

② $dH= C_P dT+\left(V+ T\left(\dfrac{\partial V}{\partial T}\right)_P\right)dP$

③ $dH= C_P dT-\left(V+ T\left(\dfrac{\partial V}{\partial T}\right)_P\right)dP$

④ $dH= C_P\dfrac{dT}{T}+\left(\dfrac{\partial V}{\partial T}\right)_P dP$

⑤ $dH= C_P dT+\left(V- T\left(\dfrac{\partial V}{\partial T}\right)_P\right)dP$

10 다음 여러 가지 공정 흐름에 대한 설명 중 옳은 것은?

① 향류 흐름에서는 기-액상이 같은 방향으로 흐른다.

② 유체·물질 전달 흐름의 대부분은 병류 흐름이다.

③ 십자 흐름의 경우 향류 흐름식을 기본으로 해 보정인자를 고려한다.

④ 향류 흐름에서는 병류 흐름보다 대수 평균 온도차가 작아져 전열 효율이 높아진다.

⑤ 갑자기 어느 유체에 온도변화를 주어야 할 경우 향류를 사용한다.

---

8 P-V곡선에서 일의 양 = 곡선의 면적

∴ 반지름이 1인 원의 1/4의 면적이므로 일의 양은 $\pi/4 \text{atm·L}$

9 $dH = TdS + VdP$에서 각 압력과 온도에 대해 미분을 하면 아래와 같은 식을 도출할 수 있다.

압력에 따른 미분 : $(dH/dT)_P = C_P$

온도에 따른 미분 : $(dH/dP)_T = T(dS/dP)_T + V$

$(dS/dP)_T = -(dV/dT)_P$임을 적용하면 $(dH/dP)_T = V - T(dV/dT)_P$가 된다.

∴ $dH = TdS + VdP$ 식을 각각 T, P 따른 미분형태로 나타내면 $dH = C_P dT + (V - T(dV/dT)_P)dP$

10 ① 향류 흐림에서는 기-액상이 반대 방향으로 흐른다.

② 유체·물질 전달 흐름의 대부분은 난류 흐름이다.

④ 향류 흐름에서는 병류 흐름보다 대수 평균 온도차가 커져 전열 효율이 높아진다.

⑤ 갑자기 어느 유체에 온도변화를 주어야 할 경우 병류를 사용한다.

정답 및 해설 8.① 9.⑤ 10.③

11 습한 재료 100kg에 대해서 수분 90wt%로부터 50wt%까지 건조하려면 얼마만큼의 수분을 제거해야 하는가?

① 20kg   ② 40kg

③ 50kg   ④ 60kg

⑤ 80kg

12 직경 2.0cm의 유리관에 0.0314L/sec의 액체를 흘릴 경우 흐름의 형태는? (이 액체의 동점도는 $2.0 \times 10^{-6} m^2/sec$, $\pi = 3.14$이다)

① 층류

② 층류와 전이상태의 혼합

③ 전이상태

④ 난류

⑤ 전이상태와 난류의 혼합

13 물의 삼중점에서의 자유도를 구하면?

① -1   ② 0

③ 1   ④ 2

⑤ 3

14 건조 기준(dry basis)으로 총 100몰의 기체 혼합물 내 각 기체 성분의 몰비는 A : 60mol%, B : 30mol%, C : 10mol%이다. 이 기체 혼합물에 수증기가 추가되어(wet basis) 기체 성분 A의 몰비가 54mol%로 바뀌었을 때 추가된 수증기의 질량은?

① 90g

② 162g

③ 180g

④ 200g

⑤ 216g

---

11 습한재료 100kg에서 수분이 90wt%이라면, 건조된 재료는 10kg, 물은 90kg이다.
50wt%까지 건조하기 위해서는 (건조된 재료질량)/[(건조된 재료질량)+(건조 후 남은 물질량)] 식을 도입한다.
∴ $10kg/(10kg+xkg) = 0.5$, $x = 10kg$
최종적으로 제거된 수분의 양은 90kg-10kg=80kg

12 $N_{Re} = \rho u D/\mu = u D/\nu$ (ρ : 밀도, u : 유속, D : 관직경, μ : 점도, ν : 동점도)
∴ $N_{Re} = uD/\nu = (0.02m \times 0.314L/sec \times 1m^3/1,000L)/(2.0 \times 10^{-6}m^2/sec) = 3.14$ 이므로 층류이다.
(∵ $N_{Re} < 2,100$인 경우 층류)

13 • 깁스상률 : $F = 2-\pi+N$ (F : 계의자유도, π : 상의 수, N : 화학종의 수)
• 상의 수 : 기체, 액체, 고체
• 화학종의 수 : H_2O 1개
∴ $F = 2-3+1 = 0$

14 건조기준 총 100mol ∴A=60mol, B=30mol, C=10mol
이 기체 혼합물에 수증기가 추가되어 기체성분 A의 몰비가 54mol%로 변했다고 할 때 세울 수 있는 식
$60mol/(100mol+x\,mol) \times 100 = 54\%$ ∴ $x = 11.1mol$
수증기의 분자량이 18g/mol이므로 추가된 수증기 질량은 $11.1mol \times 18g/mol = 200g$

정답 및 해설 11.⑤ 12.① 13.② 14.④

15 $A \xrightarrow{k_1} B$의 1차반응에 대하여 $k_1 = 0.6/min$로 주어질 때, 회분식 반응기에서 A의 초기농도가 2mol/L였다면, 반응 개시 후 5분이 경과되었을 때, 반응기에서 A의 농도는 약 얼마인가? (단, $e = 2.7$이다)

① 1.2mol/L ② 0.6mol/L

③ 0.37mol/L ④ 0.1mol/L

⑤ 0.01mol/L

16 그림에서와 같이 반응물 A에 대한 반응속도 역수와 전환율의 면적으로부터 반응기의 부피를 계산할 수 있다. 다음 그림은 반응기 2개가 직렬로 연결되어 있는 경우로, 어떤 종류의 반응기가 직렬로 연결되어 있는지 고르면?

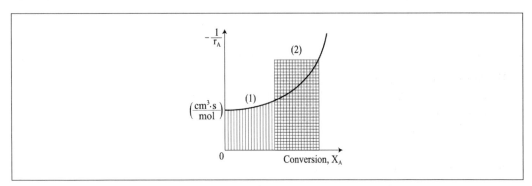

① (1) CSTR − (2) PFR

② (1) PFR − (2) CSTR

③ 부피가 다른 (1) PFR1 − (2) PFR2

④ 부피가 다른 (1) CSTR1 − (2) CSTR2

⑤ 부피가 동일한 CSTR 2개

17 액체 속에 구형의 기체 방울이 존재한다. 액체와 기체 사이의 표면에서 압력차가 50N/m²이고, 방울의 반경이 0.5cm인 경우, 표면장력을 구하면?

① 0.0625N/m

② 0.125N/m

③ 0.25N/m

④ 0.375N/m

⑤ 0.5N/m

15
- 회분식 반응기 설계식 : $t = N_{A0} \int_0^X dX/-r_A$ $V = C_{A0} \int_0^X dX/-r_A$

- 회분식 반응기 설계식 : $t = C_{A0}/k_1 C_{A0} \int_0^X 1/(1-X)dX$, $(-r_A = k_1 C_A,\ C_A = C_{A0}(1-X)$을 이용$)$

- 적분 후 정리 : $\ln(1/(1-X)) = k_1 t$

  $\therefore \ln(1/(1-X)) = k_1 t = 0.6/\text{min} \times 5\text{min} = 3 \Rightarrow 1/(1-X) = e^3 = 19.68 \quad \therefore X = 0.95$

  $\therefore$ 남은농도 = 초기농도−반응한 농도 $\Rightarrow$ 2mol/L−2mol/L×0.95=0.1mol/L

16 레벤스필 도표를 통해 반응기의 부피를 구하고자 할 경우 PFR과 CSTR의 차이가 발생한다.
PFR의 경우에는 적분형으로 설계식이 이루어져 있기 때문에 그래프의 아래면적이 반응기 부피가 된다.
이와는 다르게 CSTR의 경우에는 해당되는 전화율까지의 직사각형의 도형면적이 반응기 부피가 된다.
따라서 위의 그래프를 참고하였을 때 (1)은 PFR이며 (2)은 CSTR 반응기이며 직렬로 연결되어 있다.

17 액체 방울에 대한 표면장력의 식 : $\Delta P = 2\sigma/r$, $(\Delta P$는 압력차, σ는 표면장력, r은 구의반경$)$

  $\therefore 50\text{N/m}^2 = 2\sigma/0.005\text{m}, \ \sigma = 0.125\text{N/m}$

정답 및 해설 15.④ 16.② 17.②

18 input $x(t)$에 대한 output $y(t)$의 관계식이 다음과 같이 1차 미분형태로 주어져 있다. 초기 조건은 $y(0)=0$일 때, 전달함수 $G(s)=\dfrac{Y(s)}{X(s)}$를 구하면?

$$\frac{dy(t)}{dt}=-4y(t)+8x(t)$$

① $\dfrac{8}{s+4}$

② $\dfrac{8}{s-4}$

③ $\dfrac{8}{s(s+4)}$

④ $\dfrac{8}{s(s-4)}$

⑤ $\dfrac{8}{4s}$

19 그림에서와 같이 높이 h인 뉴튼성(Newtonian) 액체가 기울어진 평판 위에서 흐르고 있다. $y=0$ 인 자유계면에서 액체는 기체와 접하고 있을 때, 액체의 속도분포는 $v_x(y)=v_{\max}\left(1-\left(\dfrac{y}{h}\right)^2\right)$이 다. 평균 속도를 구하면?

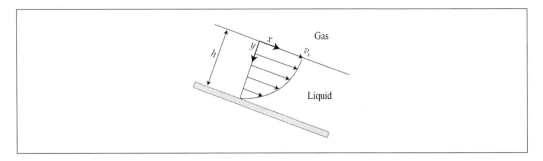

① $\dfrac{1}{3}v_{\max}$

② $\dfrac{1}{2}v_{\max}$

③ $\dfrac{2}{3}v_{\max}$

④ $\dfrac{3}{4}v_{\max}$

⑤ $v_{\max}$

18 양변 라플라스변환 : $sY(s) - y(0) = -4Y(s) + 8X(s)$

$y(0) = 0$을 대입한 후 위 식을 정리하면 $sY(s) = -4Y(s) + 8X(s)$

$\therefore \ Y(s)(s+4) = 8X(s) \ \Rightarrow \ Y(s)/X(s) = 8/(s+4)$

19 $\overline{u} \equiv$ 넓이/길이, 주어진 식 : $v_x(y) = (v_{\max}(1-(y/h)^2))/h$

이후 y에 대하여 적분을 하면 다음과 같다. $\Rightarrow \dfrac{\displaystyle\int_0^h v_{\max}(1-(\frac{y}{h})^2)}{h} = \dfrac{v_{\max}[1-\frac{y^3}{3h^2}]_0^h}{h}$

$\therefore$ 최종적으로 이를 계산하면 $\dfrac{2}{3}v_{\max}$ 이다.

정답 및 해설 18.① 19.③

20 일정 부피의 반응기 안에서 다음과 같이 자동촉매 반응(A + R→R + R)이 일어날 때 반응물 A의 농도에 따른 반응속도 변화를 정성적으로 옳게 나타낸 것은?

①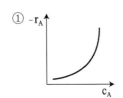

②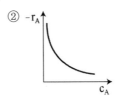

③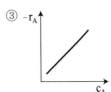

④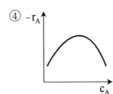

⑤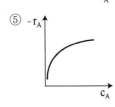

20 일반적인 자동촉매 반응으로는 (A+R→R+R)로 표기하고 자동 촉매반응에 대한 시간 대 전환율의 곡선과 반응
속도와 농도와의 곡선 관계를 그래프로 나타내면 다음과 같다. 아래의 그래프의 경우에는 반응속도가 $1/-r_A$
이므로 이를 역수로 치환하여 다시 그리게 되면, ④번과 같은 그림이 된다.

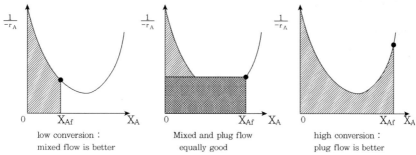

| low conversion :
mixed flow is better | Mixed and plug flow
equally good | high conversion :
plug flow is better |

정답 및 해설 20.④

1 유도단위가 아닌 물리량으로만 묶인 것은?

① 광도, 평면각, 시간, 질량, 물질량

② 길이, 밀도, 속도, 광도, 입체각

③ 물질량, 온도, 전류, 힘, 비중

④ 질량, 부피, 시간, 압력, 전류

2 화학 공장의 경제성 평가 시 총 생산비용은 제조비용과 일반비용으로 구성된다. 다음 중 제조비용에 해당하는 것은?

① 행정비

② 예비비

③ 연구개발비

④ 공장임대료

3 분쇄(crushing)의 목적으로 옳지 않은 것은?

① 고체의 혼합 효과를 높인다.

② 일정한 입도를 가지게 한다.

③ 고체의 표면적을 증가시킨다.

④ 분체의 화학적 조성을 변화시킨다.

4 피드백 제어에 대한 설명으로 옳지 않은 것은?

① On-off 제어기는 간단한 공정에서 널리 이용된다.

② 외부교란을 측정하고 이 측정값을 이용하여 외부교란이 공정에 미칠 영향을 사전에 보정할 수 있다.

③ PID 제어기는 오차의 크기뿐만 아니라 오차가 변화하는 추세와 오차의 누적된 양까지도 감안하여 제어한다.

④ 정상상태에서 잔류편차가 존재한다는 것은 제어변수가 set point로 유지되고 있지 못함을 의미한다.

---

1 ① 광도, 평면각, 시간, 질량, 물질량은 유도단위가 아니라 자체 고유의 물리량이다.
② 밀도의 경우 부피에 대한 질량이므로 부피와, 질량 두 가지의 물리량이 도입된 유도단위이다.
③ 비중의 경우 밀도의 역수이므로 ②와 동일한 의미이다.
④ 압력은 면적당 작용하는 힘으로써 면적, 힘 두 가지의 물리량이 도입된 유도단위이다.

2 화학공장의 경제성 평가 시 총 생산비용은 제조비용과 일반비용으로 구성된다.
• **총 생산비** : 제조비용 + 일반비용
• **제조비용** : 공장임대료 + 직접 생산비 + 고정비
• **일반비용** : 행정비 + 판매영업비 + 연구개발비 + 금융비 + 총수익비 + 예비비

3 분쇄는 크기가 큰 입자를 잘게 부수어 입자를 작게 하여 표면적을 증가시키거나, 일정한 크기를 갖게 하는 역할을 하며, 이는 물리적인 변화를 주는 작용에 속한다. 따라서 화학적 조성을 변화시키는 것은 옳지 못한 설명이다.

4 ① on-off 제어기는 미세한 컨트롤조정이 어렵지만, 간단한 공정에서 널리 이용된다.
② 외부교란이 공정에 미칠 영향을 사전에 보정한다는 말은 피드포워드에 해당되는 이야기다.
③ P제어(비례항)를 통해 오차의 크기, I제어(적분항)를 통해서 오차의 누적된 양, D제어(미분항)를 통해서 오차가 변화하는 추세까지 계산하여 오차를 최소화 하게 제어하는 시스템이다.
④ 정상상태에서 잔류편차가 존재하는 것은 set point근처에서 출력값이 진동하여 발생되는 것이므로 이는 제어변수가 set point로 유지되지 못한 것과 동일한 의미이다.

정답 및 해설 1.① 2.④ 3.④ 4.②

5 연속식 반응기에 대한 설명으로 옳은 것으로만 묶인 것은?

> ㉠ 보조장치가 필요 없다.
> ㉡ 생성물질의 품질관리가 쉽다.
> ㉢ 시간에 따라 조성이 변하는 비정상상태로 시간이 독립변수이다.
> ㉣ 1차 비가역반응에서 전환율이 높을 경우 CSTR이 PFR에 비해 큰 반응기 부피와 긴 체류시간이 필요하다.

① ㉠, ㉡   ② ㉠, ㉢
③ ㉡, ㉣   ④ ㉢, ㉣

6 A와 B의 액체혼합물에 관한 라울의 법칙(Raoult's Law)을 설명한 것으로 옳은 것만을 모두 고른 것은?

> ㉠ 특정 온도에서 액체혼합물 중 A의 증기분압은 B의 증기분압과 항상 같다.
> ㉡ A와 B의 분자 사이에 인력 변화가 없고 이상용액일 때 성립한다.
> ㉢ B의 증기분압은 같은 온도에서 순수한 B의 증기압에 B의 몰분율을 곱한 것이다.

① ㉠, ㉡   ② ㉠, ㉢
③ ㉡, ㉢   ④ ㉠, ㉡, ㉢

7 증발 조작에 대한 설명으로 옳지 않은 것은?

① 거품을 제거하기 위하여 식물유 소포제인 황화피마자유 등을 소량 첨가한다.
② 수증기 가열장비 중 수직관식에는 바스켓형, 장관형, 표준형 등이 있다.
③ 용액의 비등시 생성되는 증기 중의 작은 액체 방울이 섞여 증기와 더불어 증발관 밖으로 배출되는 현상을 거품이라 한다.
④ 비휘발성의 용질을 포함한 용액을 가열하여 용매를 기화시켜 용액을 농축하는 조작을 증발이라 한다.

5 연속식 반응기 : 일정한 조성을 갖는 반응물을 일정한 유량으로 공급하여 생성되는 생성물을 동일한 유량으로 제조하는 유동식 반응기이다. 보조장치가 필요하며, 생성물의 품질관리가 용이하다. 반응기의 한 방향에서 연속적으로 원료를 공급시키고 다른 방향으로부터 연속적으로 반응, 생성 액체를 배출시키는 형태의 반응기이며 반응기내의 농도, 온도, 압력등은 시간적으로 변화가 없다. 연속식으로 많은 양을 처리할 수 있으며, 반응속도가 큰 경우에 많이 이용된다. 반응물 조성의 시간적 변화가 없는 것으로 겉보기 체류시간이 독립변수이다.

　ㄱ 보조장치가 필요하므로 이는 옳지 않은 설명이다.

　ㄴ 연속적으로 일정한 농도, 온도, 압력을 가하여 생성하므로 생성물의 품질관리가 쉬운 이점이 있다.

　ㄷ 시간에 따라 조성이 변하지 않은 정상상태를 유지하기 때문에 이는 옳지 못한 설명이다.

　ㄹ 일반적으로 같은 반응기 부피에서 CSTR이 PFR보다 낮은 전환율을 보인다. 따라서 높은 전환율을 가지기 위해서는 PFR보다 더 큰 반응기 및 긴 체류시간이 필요하다.

6 라울의 법칙 : 일반적으로 어떤 용매에 용질을 녹일 경우, 용매의 증기압이 감소하는데, 용매에 용질을 용해하는 것에 의해 생기는 증기압 강하의 크기는 용액중에 녹아 있는 용질의 몰분율에 비례한다. p=xp°로 나타낸다. p° 및 p는 각각 순수한 용매의 증기압과 용액의 증기압이며, x는 용액 중의 용질의 몰분율이다. 용해된 용질의 성질과 무관하며 오로지 몰분율에만 영향을 받기 때문에, 이 관계를 이용해 증기압 강하량에서 용질의 분자량을 구할 수 있다. 라울의 법칙은 이상용액에서 만족되는 법칙이다.

　ㄱ 특정 온도에서 액체혼합물 중 각 성분의 증기분압은 용매에 녹아있는 몰분율과 순수한 용매의 증기압과 연관되어 있으므로 이는 옳지 못한 설명이다.

　ㄴ 라울의 법칙은 이상용액인 경우에 해당되는 법칙이므로 이는 옳은 설명이다.

　ㄷ $P_B = xP_B^*$ 의 관계가 라울의 법칙에 해당되는 것이므로 이는 옳은 설명이다.

7 ① 소포제는 거품을 제거한다는 것이고 황화피마자유를 주로 이용하므로 이는 옳은 설명이다.

　② 증발기는 가열방식에 따라 분류되며 다관식 가열장치에 의한 스팀가열 방식 중 수직관식에 표준형, 바스켓형, 장관형의 증발기가 이용된다.

　③ 용액의 비등시 생성되는 증기 중의 작은 액체 방울이 섞여 증기와 더불어 증발관 밖으로 배출되는 현상을 비말동반이라고 한다. 따라서 이는 옳지 못한 설명이다.

　④ 증발은 염류 등의 수용액에서 수분만을 기화시켜 농후한 용액을 얻는다는가, 혹은 더 나아가서 용질을 결정으로 하는 조작을 말한다. 따라서 이는 옳은 설명이다.

정답 및 해설 　5.③　6.③　7.③

8 증발관을 사용하여 고체 5%를 함유하는 용액 1,000kg/hr를 8%로 농축하려 할 때, 원액으로부터 증발시켜야 하는 용매의 양(kg/hr)은? (단, 고체의 손실은 없는 것으로 가정한다)

① 275

② 375

③ 625

④ 725

9 다음은 산화철(III)(Fe_2O_3)과 일산화탄소(CO)가 반응하여 철(Fe)과 이산화탄소(CO_2)를 생성하는 반응식이다. 균형 맞춘 화학 반응식이 되기 위한 계수 a, b, c, d의 합은?

$$a\,Fe_2O_3 + b\,CO \rightarrow c\,Fe + d\,CO_2$$

① 8

② 9

③ 10

④ 11

10 발전소에서는 과열된 수증기로 터빈을 돌려 전기를 생산한다. 만약 과열된 수증기의 온도가 750K이고 터빈을 돌리고 난 후 최종적으로 배출될 때 온도가 250K이라면, 이 과정에서의 효율은? (단, 열손실은 없다고 가정하고, 효율은 소수점 이하 둘째 자리에서 반올림한다)

① 33.3%

② 50.0%

③ 66.7%

④ 75.5%

11 복사에 의해 열전달이 일어나고 있는 물체의 복사에너지 반사율이 0.4이고, 흡수율이 0.3이라면, 이 물체의 투과율은?

① 0.1

② 0.3

③ 0.7

④ 1.0

---

8 • 고체 5% 함유하는 용액 1000kg/hr : 용질 50kg/hr, 용매 950kg/hr

  • 고체 8% 함유하는 용액 1000kg/hr : 용질 50kg/hr, 용매 $x$kg/hr

  ∴ 50kg/hr/($x$kg + 50kg/hr) = 0.08, x = 575kg/hr

  최종적으로 증발해야하는 용매의 양은 950kg/hr − 575kg/hr = 375kg/hr

9 반응전과 반응후의 원자의 개수가 맞아야 한다.

  • a=1이 되면 Fe원자는 총 2개이고, O의 원자는 3개가 된다 따라서 c=2가 된다.

  • b=3이 되면 C원자와 O원자가 각각 3개이고, 따라서 C원자수를 맞추기 위해 d=3이 되어야 한다.

  • O원자를 비교하면 반응 전, 후 각각 총 6개의 원자수로 일치하여 맞는 반응식이 된다.

  ∴ a=1, b=3, c=2, d=3, (1+3+2+3)=9이다.

10 발전기 열효율 : $(1 - T_C/T_H) \times 100\%$, ($T_H$은 과열된 수증기 온도, T_C최종적으로 배출되는 온도)

  ∴ $(1 - 250/750) \times 100\% = 66.7\%$

11 총 열에너지 : 반사율 + 흡수율 + 투과율 = 1

  ∴ (1−0.4−0.3)=0.3

정답 및 해설 8.② 9.② 10.③ 11.②

12 바다 수면의 기압이 1.04kg_f/cm² 일 때, 수면으로부터 바다 속 10m 깊이의 절대압력(kg_f/cm²)
은? (단, 바닷물의 밀도는 1.05g/cm³이다)

① 1.04

② 1.05

③ 2.09

④ 2.89

13 Fick의 확산 제1법칙에 대한 설명으로 옳지 않은 것은?

① 2성분계 혼합물에서 각 성분의 확산 플럭스가 그 성분의 농도구배에 비례함을 설명한다.

② 각 분자는 직선 운동을 하나, 다른 분자와 충돌할 때 그 운동방향이 무작위로 변경됨을 가정
한다.

③ 분자확산에 적용하는 식으로, 각 분자가 무질서한 개별 운동에 의해 유체 속을 이동할 때 사
용할 수 있다.

④ 용질이 고체 표면에 용해되어 균일 용액을 형성하는 고체의 확산에는 적용되지 않는다.

14 유체와 관련된 설명으로 옳지 않은 것은?

① 이상기체의 밀도는 절대온도와 기체의 분자량에 비례한다.

② 단위면적당 힘에 대한 예로는 압력과 전단응력이 있다.

③ 주어진 유체의 표면장력과 단위면적당 에너지는 동일한 수치 및 단위를 갖는다.

④ 임의의 점에서 고도에 따른 압력의 변화율은 $dP/dz = -\rho g$ (P : 압력, z : 고도, ρ : 밀도, g :
중력가속도)로 표현할 수 있다.

12 절대압력 = 게이지압력 + 대기압력

- 게이지압력 = $1,050\text{kg}/\text{m}^3 \times \text{kg}_f/\text{kg} \times 10\text{m} = 10,500\text{kg}_f/\text{m}^2$

  $\therefore 10,500\text{kg}_f/\text{m}^2 \times \text{m}^2/10^4\text{cm}^2 = 1.05\text{kg}_f/\text{cm}^2$

- 대기압력 = $1.04\text{kg}_f/\text{cm}^2$

  $\therefore$ 절대압력 = $1.05\text{kg}_f/\text{cm}^2 + 1.04\text{kg}_f/\text{cm}^2 = 2.09\text{kg}_f/\text{cm}^2$

13 Fick의 제 1법칙 : 픽의 확산 법칙에서 다루는 플럭스의 개념은 위의 플럭스의 여덟 형태를 나열한 것 중 세 번째 인 Diffusion Flux를 말하는 것으로, 이는 농도 기울기에 따라 고농도의 영역(region of high concentration)에 서 저농도의 영역(region of low concentration)으로 넘어가는 플럭스를 가정하며 공간, 즉 1차원에서 이 유량 은 $J = -D \times dN/Dx$로 표현된다.

① 2성분계 혼합물에서 각 성분의 확산 플럭스가 그 성분의 농도구배에 비례하며 이것이 Fick의 확산 제1법칙 이다. 따라서 이는 옳은 설명이다.

② 각 분자는 직선운동을 하나, 다른 분자와 충돌하거나, 벽에 부딪힐 때 운동방향은 무작위로 변경된다. 따라 서 이는 옳은 설명이다.

③ 분자확산에 적용하는 식으로, 각 분자가 무질서한 개별 운동에 의해 유체 속을 이동할 때 물질이 어느 정도 수송되어있는지를 알 수 있게 하도록 만들어진 것이다. 따라서 옳은 설명이다.

④ 고체의 확산은 용질이 균일 용액을 형성하는 고체 표면에 용해되어 일어난다. 따라서 이는 옳지 않은 설명 이다.

14 ① $PV = nRT$에서 $V/n = RT/P$이고, 몰수 = 질량/분자량, 밀도 = 부피/질량임을 이용하면 $VM/m = RT/P$, $m/V = \rho = MP/RT$이다. 따라서 이상기체의 밀도는 절대온도에 반비례 한다. (M은 분자량)

② 압력과 전단응력 모두 단위면적에 대한 힘에 대한 차원을 가지고 있다.

③ 표면장력의 단위는 N/m이다. 양 분모, 분자에 길이(m)를 곱하면 J/m^{2}단위면적당 에너지가 된다.

④ $dP/dz = -\rho g$의 식은 임의의 점에서 고도에 따른 압력에 대한 변화율을 나타내는 식이다.

정답 및 해설 12.③ 13.④ 14.①

15 다음과 같은 금속벽을 통한 열전달이 일어날 때 고온부의 온도 T_1의 값은? (단, 열전도도는 20kcal/m·hr·℃이고, 열손실량은 10,000kcal/hr이다)

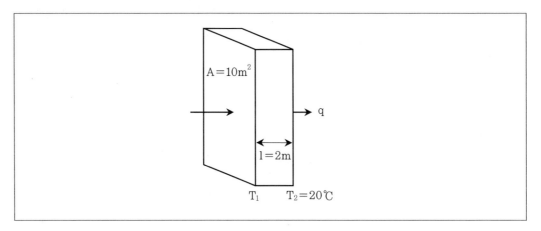

① 60℃
② 120℃
③ 160℃
④ 220℃

16 레이놀즈 수(N_{Re})는 층류와 난류를 구분할 수 있는 무차원의 값이다. 내경 0.01m의 관내를 평균유속 0.7m/s로 진행하는 액체의 밀도가 100kg/m³, 점도가 0.1P일 경우, 이 액체의 레이놀즈 수와 흐름은?

① 70, 층류
② 70, 난류
③ 7000, 난류
④ 7000, 층류

17 이중관식 열교환기에서 관 내부로는 120℃의 오일이 들어가고 외부에는 20℃의 물이 흐르면서 열교환을 하여 물은 75℃로 데워져 나가고 오일의 온도는 85℃로 내려간다. 병류(parallel flow)일 경우 대수평균 온도차는? (단, 열손실은 없다고 가정하며, $\ln x = 2.3\log x$ 이고, 대수평균 온도차는 소수점 이하 둘째 자리에서 반올림한다)

① 27.5℃   ② 32.5℃

③ 35.0℃   ④ 39.1℃

15 Fourier's Law $Q = -kA \times \Delta T/\Delta x$ (k : 열전도도, A : 면적, T : 절대온도, x : 거리)

∴ $10,000\text{kcal/hr} = 20\text{kcal/m} \cdot \text{hr} \times 10\text{m}^2 \times \Delta T/2\text{m}$, $\Delta T = 100\text{K}$

$T_2 = 293\text{K}$ 이므로 $T_1 = 393\text{K} \Rightarrow 120℃$

16 레이놀즈 수(N_{Re}) $= \rho u D/\mu$ (ρ : 밀도, u : 유속, D : 직경, μ : 점도)

∴ $N_{Re} = (100\text{kg/m}^3 \times 0.7\text{m/s} \times 0.01\text{m})/(0.01\text{kg/m} \cdot \text{s}) = 70$ (1P=1g/cm · s = 0.1P=1kg/m · s)

레이놀즈 수가 2,100보다 낮기 때문에 이는 층류이다.

17 대수평균 온도차 $\Delta T_{lm} = (\Delta T_1 - \Delta T_2)/\ln(\Delta T_1/\Delta T_2)$

$(\Delta T_1 = T_{h \cdot inlet} - T_{c \cdot inlet}, \ \Delta T_2 = T_{h \cdot outlet} - T_{c \cdot outlet})$

$\Delta T_1 = 120 - 20 = 100℃$, $\Delta T_2 = 85 - 75 = 10℃$ 이므로

∴ 대수평균온도차 $\Delta T_{lm} = (100-10)/\ln(100/10) = 90/\ln(10) = 90/2.3\log 10 = 90/2.3 ≒ 39.1℃$

정답 및 해설 15.② 16.① 17.④

18 침강 분리에 대한 설명으로 옳지 않은 것은?

① 침강장치로는 Dorr 분급기, 연속식 침강 농축조, 원통형 원심 분리기 등이 있다.

② 최종 침강속도(terminal settling velocity)는 입자에 작용하는 힘과 유체로 인해 받는 저항이 평형을 이루어 등속 운동을 하는 속도이다.

③ 간섭침강은 입자가 인접한 입자와 실제로 충돌하지 않더라도 입자의 운동이 다른 인접한 입자의 영향이나 간섭을 받아 일어나는 침강이다.

④ 저항계수(drag coefficient)는 침수 물체를 지나는 마찰 상수로, 속도두(velocity head)와 유체 밀도의 곱을 단위 면적당 총항력으로 나눈 값이다.

19 촉매 및 촉매 반응에 대한 설명으로 옳지 않은 것은?

① 촉매 표면에 반응물이 물리흡착할 경우 흡착과정은 발열과정이다.

② 촉매는 반응속도에는 영향을 주지만 반응평형에는 영향을 주지 않는다.

③ 촉매 표면에 반응물이 화학흡착할 경우 흡착력은 반데르발스(van-der-Waals) 힘이다.

④ 촉매 활성점 위에서 물질이 비가역적으로 침적되는 비활성화 과정을 피독(poisoning)이라 한다.

20 점도에 대한 설명으로 옳지 않은 것은?

① 레이놀즈 수는 동점도(kinematic viscosity)에 비례한다.

② 동점도는 확산계수(diffusivity)와 차원이 같다.

③ 운동에너지를 열에너지로 만드는 유체의 능력이다.

④ 뉴턴 유체에서는 전단응력이 전단율에 비례하며, 그 비례상수를 점도라고 한다.

18 침전이란 물보다 무거운 부유이자가 중력에 의해 물로부터 분리되는 것으로, 그 침전의 형태는 독립침전, 응집 침전, 간섭침전 그리고 압축침전 등 통상 4가지로 분류된다. 또한 이러한 침전을 통해 분리하는 장치로써 도르 분급기, 연속식 침강 농축조, 원통형 원심분리기, 분리판형 원심침강기 등이 있다.

① 침강장치로써 Dorr 분급기, 연속식 침강 농축조, 원통형 원심분리기 등이 있다.

② 중력가속도 g는 일정하고, 항력은 속도에 비례한다. 입자가 중력장에서 침강하여 입자의 가속도 du/dt는 시간에 따라서 감소하다가 0에 도달하고, 최종적으로 입자는 일정속도에 이른다. 따라서 이는 옳은 설명이다.

③ 간섭침강은 입자가 인근 입자와 실제로 충돌하지 않더라도 입자의 운동이 다른 인근 입자로부터 방해를 받는 경우를 말한다. 따라서 간섭침강의 저항계수는 자유침강의 저항계수보다 크다는 특징이 있다. 따라서 이는 옳은 설명이다.

④ 저항계수는 단위 면적당 총항력을 동압(속도두)로 나눈 것이다. 따라서 이는 옳지 않은 설명이다.

19 ① $\Delta H = \Delta G + T\Delta S$의 식에서 흡착은 자발적인 반응이다. 따라서 $\Delta G < 0$이며, 엔트로피 변화량도 무질서한 운동에서 흡착으로 고정되기 때문에 음수 값을 가진다. 따라서 우변항이 모두 음수 이므로 $\Delta H < 0$이다. 따라서 흡착은 발열반응이다.

② 촉매는 화학반응의 활성화 에너지를 변화시켜 반응속도를 느리게 하거나, 빠르게 하는 역할을 할 뿐 반응평형에는 영향을 주지 않는다.

③ 촉매 표면에 반응물이 화학흡착 할 경우 흡착력은 공유결합이다. 따라서 단순 물리흡착으로 발생되는 반데르발스 힘은 옳지 못한 설명이다.

④ 촉매작용은 반응계 속에 어떤 미량의 불순물이 존재하면 활성이 저하 또는 상실된다. 이것을 촉매독 혹은 피독 이라고 표현한다. 따라서 이는 옳은 설명이다.

20 ① 레이놀즈 수는 $N_{Re} = \rho u D / \mu$이고 동점도는 $v = \mu/\rho$이다. 따라서 레이놀즈의 수는 밀도를 점도로 나눈 것에 비하여 동점도는 점도에 밀도로 나눈 것이므로 서로의 관계는 반비례 한다. 따라서 옳지 못한 설명이다.

② 동점도의 단위는 cm^2/s 이다. 확산계수의 단위도 cm^2/s 이다. 따라서 차원이 동일하다.

③ 점도는 유체에 외부에서 가해지는 힘에 저항하는 정도를 말한다. 즉 외부에서 가해진 운동에너지가 저항으로 인해 발생된 열로 저항의 정도를 측정한다. 따라서 이는 옳은 설명이다.

④ 뉴턴유체는 전단응력과 전단변형률의 관계가 선형적인 관계이며, 그 관계 곡선이 원점을 지나는 유체를 말한다. 그 비례 상수가 바로 점성계수이다. 즉 뉴턴 유체의 거동은 다음과 같은 간단한 식으로 나타낼 수 있다. $\tau = \mu \times du/dx$로 표현된다. (τ : 유체에 작용하는 전단응력, μ : 유체의 점성계수)

정답 및 해설 18.④ 19.③ 20.①

1 Gibbs 상률을 적용할 때, 기체, 액체, 고체가 동시에 존재하는 물(H_2O)의 열역학적 상태를 규정하기 위한 자유도(degree of freedom)는 몇 개인가?

① 0

② 1

③ 2

④ 3

2 벤젠과 톨루엔 혼합액(벤젠의 농도 60 중량%)이 100kg/s의 유량으로 증류탑에 공급되고 있다. 탑정액(Distillate) 생성물의 유량은 60kg/s이며 탑정액 중 벤젠의 농도는 90 중량%이다. 증류탑 탑저액(Bottom) 생성물 중 톨루엔의 농도(중량%)를 결정하면?

① 85%

② 87%

③ 90%

④ 93%

3 다음 중 열교환기의 필수적인 설계 요소에 해당하지 않는 것은?

① 열전달 시간

② 열전달 면적

③ 대수 평균 온도 차

④ 총괄 열전달 계수

4 공간시간(space time)이 3.12min이고, $C_{A0}=5mol/l$이며, 원료 공급이 2분에 2,000mol로 공급되는 흐름 반응기의 최소 체적은 어떻게 되는가?

① 604l

② 624l

③ 644l

④ 664l

1 깁스상률 : $F=2-\pi+N$ (F : 계의자유도, π : 상의 수, N : 화학종의 수)

• 상의 수 : 기체, 액체, 고체

• 화학종의 수 : H_2O 1개

∴ $F=2-3+1=0$

2 유입량 : 총 100kg/s, 벤젠 : 60kg/s, 톨루엔 : 40kg/s

• 탑정액(Distillate) 유출량 : 총 60kg/s, 벤젠 : 60kg/s×0.9=54kg/s, 톨루엔 : (60-54)=6kg/s

• 탑저액 유출량(Bottom) : 총 (100-60)=40kg/s, 벤젠 : (60-54)=6kg/s, 톨루엔 : (40-6)=34kg/s

∴ 탑저액의 톨루엔 농도 : 34/(34+6)×100%=85%

3 ① 열이 전달되는 시간은 효율적인 측면에서 접근 시 중요한 요소이지만, 최종 유출되는 온도 혹은 전체 교환기 내에서 열전달 되는 양에 대해 구하기 위해서 반드시 필요한 요인은 아니다.

② 열전달 면적에 따라 열이 교환되는 양이 달라지며, 총괄 열전달 계수 및 대수 평균 온도차 등을 구하기 위해 필요한 요인이다.

③ 열교환기의 성능 예측에 있어서 가장 중요한 식이며, 입출구의 온도를 통해서 구한다.

④ 총괄 열전달 계수를 통하여 전체 교환기 내에서 열전달 속도 등 다양한 정보를 얻을 수 있기 때문에 중요한 요소이다.

4 공간시간 $\tau=V/v_0$ (V : 반응기 부피, v_0 : 부피유량)

$F_A=C_{A0}v_0$ (F : 몰유량), $F=2,000l/2min=1,000l/min$, $C_{A0}=5mol/l$ ∴ $v_0=1,000/5=200l/min$

∴ $\tau=V/v_0$ 식에 의하여, $V=\tau\times v_0=3.12min\times200min/l=624l$

5 다음 중 직관(pipe)의 마찰손실 계산을 위한 Fanning식과 Hagen-Poiseuille식에 대한 설명으로 옳지 않은 것은?

① Hagen-Poiseuille식은 유체가 층류일 때 유체의 마찰손실을 계산할 수 있다.

② Fanning식에서 유체 마찰손실은 운동에너지와 직관(pipe)의 직경에 비례한다.

③ Fanning식에서 유체 마찰손실은 직관의 길이에 비례한다.

④ 마찰계수의 차원은 무차원이다.

6 내경이 20cm인 관 속을 비중 0.8인 뉴튼 유체가 층류로 흐르고 있다. 관 중심에서의 유속이 20cm/sec라면 관 벽에서 5cm 떨어진 지점의 국부 속도는 몇 cm/sec인가?

① 12cm/sec

② 13cm/sec

③ 14cm/sec

④ 15cm/sec

7 다음 중 가능한 한 값이 크면 좋은 계측기의 특성은?

① 시간상수(time constant)

② 응답시간(response time)

③ 감도(sensitivity)

④ 수송지연(transportation lag)

5 Fanning식은 (단위면적당 전단력)/(단위부피당 운동에너지)의 의미를 가진다.

Hagen–Poiseuille식은 관을 흐르는 점성유체의 유량의 관한 법칙으로써 $\Delta P = (8\mu LQ)/(\pi r^4)$가 이용된다.

① 에너지 balance수지식 $1/2\Delta u^2 + g\Delta h + \Delta P/\rho + w + F = 0$에서 평행하며, 직경이 일정한관에서 층류로 흐르는 경우, 유속의 변화량 높이의 변화량, 외부에서의 일은 모두 0이 되고 $\Delta P/\rho = -F$의 식으로 정리가 된다. 따라서 ΔP에 Hagen–Poiseuille식을 넣어서 계산하면 마찰손실을 계산 할 수 있다.

②③ Fanning식은 (단위면적당 전단력)/(단위부피당 운동에너지)에서 부피에 면적으로 나누면 길이가 나온다. 따라서 마찰손실은 파이프의 직경에 비례하지 않고, 파이프의 길이에 비례한다.

④ Fanning식을 변형하면 (파이프 길이×전단력)/(운동에너지)이다. 전단력은 힘이고, 힘×길이는 에너지이다. 따라서 분모 분자 모두 에너지 단위 이므로 무차원이다.

6 속도분포 : $u(r) = u_{\max}(1 - r^2/R^2)$.

($u_{\max}$는 중심에서의 최대유속, R은 파이프 반지름, r은 파이프 중심으로부터 벽면까지의 거리)

$u_{\max} = 20\text{cm/s}$, $R=10\text{cm}$, $r=5\text{cm}$

$\therefore u = 20(1 - 25/100) = 15\text{cm/s}$이다.

7 ① 물리적으로 시간 상수는 시스템이 초기 비율로 계속 감쇠했다면 시스템 응답이 0으로 감쇠할 때까지 걸리는 시간을 나타낸다. 따라서 이 값은 가능한 값이 적을수록 시간이 단축되므로 좋다.

② 응답 시간이란 공학에서 시스템이나 실행단위에 입력이 주어지고 나서 반응하기까지 걸린 시간을 말한다. 따라서 값이 적을수록 좋은 계측 값이다.

③ 감도는 어떤 특정 값을 구분해 내는 능력이다. 해상도라고도 표현하기도 하는데, 이 값이 클수록 구하고자 하는 값의 오차 범위가 줄어들고, 잘 구분하기 때문에 클수록 좋다.

④ 수송 지연은 입력 신호가 시스템에 적용되는 시간과 시스템이 해당 입력 신호에 반응하는 시간 사이의 지연이다. 따라서 값이 적을수록 좋은 계측 값이다.

정답 및 해설 5.② 6.④ 7.③

8 다음 흡착에 대한 설명으로 옳은 것을 모두 고르면?

ⓐ 흡착은 고체와 기체, 기체와 액체 등의 계면에서 기체 또는 액체 혼합물 중의 목적 성분을, 제3의 물질을 이용하여 분리하는 조작이다.
ⓑ 물리흡착은 흡착제와 흡착질 사이의 화학 작용에 의한 흡착이다.
ⓒ 열 교대 흡착공정(thermal swing adsorption)은 감압조건에서 탈착되고 상압조건에서 흡착되는 공정이다.
ⓓ Langmuir식은 모든 흡착점의 흡착에너지가 균일하고 흡착된 분자 간 상호작용이 없음을 가정하여 유도한다.

---

① ㉠, ㉡   ② ㉠, ㉢

③ ㉡, ㉢   ④ ㉡, ㉣

9 건물 벽의 두께가 10cm이고, 겨울철 바깥 표면의 온도가 0℃일 때, 안쪽 표면의 온도를 30℃로 유지하면 벽을 통한 단위 면적당 열전달량은? (단, 건물 벽의 열전도도는 0.01kcal/m · hr · ℃이다.)

① $0.005 \text{kcal/m}^2 \cdot \text{min}$

② $0.05 \text{kcal/m}^2 \cdot \text{min}$

③ $0.5 \text{kcal/m}^2 \cdot \text{min}$

④ $5 \text{kcal/m}^2 \cdot \text{min}$

10 80.6℉의 방에서 가동되는 냉장고를 5℉로 유지한다고 할 때, 냉장고로부터 2.5kcal의 열량을 얻기 위하여 필요한 최소 일의 양은 몇 J인가? (단, 1cal = 4.18J이다.)

① 1,398J   ② 1,407J

③ 1,435J   ④ 1,463J

11 전달함수를 구할 때 사용하는 라플라스 변환(Laplace Transform)의 주요 목적은?

① 비선형 미분방정식을 선형 미분방정식으로 변환

② 선형 미분방정식을 대수방정식으로 변환

③ 비선형 대수방정식을 선형 대수방정식으로 변환

④ 선형 적분방정식을 선형 미분방정식으로 변환

---

8 ㉠ 흡착은 물체의 계면에서 농도가 주위보다 증가하는 현상이다. 반대로 흡착하고 있던 물질이 계면에서 떠나지는 현상을 탈착이라고 부른다. 이를 이용하여 목적성분에 대해서 제 3의 물질을 이용하여 분리하는 기법을 사용하는 것도 흡착에 해당되는 사례이다. 따라서 이는 옳은 설명이다.

㉡ 물리흡착은 흡착제와 흡착질 사이의 반데르발스의 힘에 의한 흡착이므로 이는 옳지 않은 설명이다.

㉢ 열 교대 흡착공정은 온도가 증가할 때 탈착되고, 온도가 감소할 때 흡착하는 공정이다. 따라서 이는 옳지 못한 설명이다.

㉣ Langmuir식의 가정은 흡착은 단분자층 덮임율 이상으로 일어날 수 없다. 모든 흡착 자리는 동등하고 표면은 균일하다. 한 주어진 흡착 자리에 흡착질 분자가 흡착될 수 있는 능력은 그 인접 흡착자리의 흡착 상태에 전혀 무관하다. 따라서 옳은 설명이다.

9 열전도 식 : $q = -k \times dT/dl$ or $Q = -k \times \Delta T/L$ (k : 열전도도, T : 온도, L : 두께)

$k = 0.01\text{kcal/m} \cdot \text{hr} \cdot \text{℃}$, $T_1 = 0\text{℃}$, $T_2 = 30\text{℃}$, $L = 10\text{cm} = 0.1\text{m}$

∴ $Q = -0.01 \times 30/0.1 = -3\text{kcal/hr}$ (손실되는 에너지)

∴ 1m²당 공급 해주어야 하는 에너지는 $3\text{kcal/m}^2 \cdot \text{hr} \times 1\text{hr}/60\text{min} = 0.05\text{kcal/m}^2 \cdot \text{min}$

10 열펌프 성능 계수 : $(T_h - T_c)/T_h$

$T_h = (80.6°\text{F} - 32°\text{F}) \times 5\text{℃}/9°\text{F} = 27\text{℃} = 300\text{K}$, $T_c = (5°\text{F} - 32°\text{F}) \times 5\text{℃}/9°\text{F} = -15\text{℃} = 258\text{K}$

∴ $(T_h - T_c) = 42\text{K}$, $(T_h - T_c)/T_h = 42/300 = 0.14$

∴ 최소일의 양 : (열펌프 성능 계수) × (냉장고로부터 얻은 열량) ⇒ $0.14 \times 2,500\text{cal} \times 4.18\text{J/cal} = 1,463\text{J}$

11 미분방정식은 그 차수가 높아질수록 그 문제의 해를 구하는 것은 거의 불가능하기 때문에 라플라스 변환을 사용한다. 주어진 미분방정식을 곧바로 푸는 것이 아니라 먼저 라플라스 변환한 후 방정식 해를 구하고 다시 역변환하는 것이다. 즉 라플라스 변환의 주요 목적은 선형 미분방정식을 대수 방정식으로 변환하기 위해서 사용되는 것이다.

정답 및 해설 8.② 9.② 10.④ 11.②

12 단일 증류탑을 이용하여 폐 처리된 에탄올 30mol%와 물 70mol%의 혼합액 50kg-mol/hr를 증류하여, 90mol%의 에탄올을 회수하여 공정에 재사용하고, 나머지 잔액은 에탄올이 2mol%가 함유된 상태로 폐수 처리한다고 할 때, 초기 혼합액의 에탄올에 대해 몇 %에 해당하는 양이 증류 공정을 통해 회수되겠는가? (단, 계산은 소수점 아래 두 번째 자리까지만 한다.)

① 85.74%　　　　　　　　　　② 90.74%

③ 95.47%　　　　　　　　　　④ 97.47%

13 10mol의 C_4H_{10}을 완전 연소시켜 H_2O와 CO_2를 생성하였다. 10%의 과잉 산소를 사용한다면 필요한 산소 O_2의 몰수는?

① 71.5mol　　　　　　　　　　② 154mol

③ 299mol　　　　　　　　　　④ 365mol

14 20℃에서 수증기의 포화 증기압이 24mmHg이고, 현재공기 중 수증기의 분압이 21mmHg일 때 상대 습도는?

① 83%　　　　　　　　　　　② 85%

③ 87.5%　　　　　　　　　　④ 88.5%

15 100mol의 원료 성분 A를 반응장치에 공급하여, 회분(batch)조작으로 어떤 시간을 반응시킨 결과, 잔존 A성분은 10mol이었다. 반응식을 $2A + B \rightarrow R$로 표시할 때, 원료성분 A와 B의 몰 비가 5 : 3이었다고 하면 원료 성분 B의 변화율은 얼마인가?

① 0.72　　　　　　　　　　　② 0.73

③ 0.74　　　　　　　　　　　④ 0.75

16 메탄올이 20mol%이고 물이 80mol%인 혼합물이 있다. 이를 상압하에서 플래시(flash) 증류로 분리한다. 이때 공급되는 혼합물 중 50mol%가 증발되고, 50mol%는 액상으로 남으며 액상에서 메탄올의 몰분율이 0.1인 경우, 기상에서 메탄올의 몰분율은?

① 0.20

② 0.25

③ 0.30

④ 0.35

---

12 입류 A, 증류 B, 잔액 C라 가정하면 A = B + C의 관계가 성립한다.

각 흐름 중 에탄올의 양만 고려한다면 0.3A = 0.9B + 0.02C의 식을 도출할 수 있다.

그러나 관심 대상이 증류이기 때문에 잔액을 제거하고자 A − B = C의 식을 이용하게 되면

$0.3A = 0.9B + 0.02(A − B) \Rightarrow 0.28A = 0.88B$ ∴ B=(0.28/0.88)×50kg-mol/hr=15.91kg-mol/hr

이 중 에탄올이 90%함유 되어 있으므로 B에서의 에탄올 함량은 15.91×0.9 = 14.32kg-mol/hr. 따라서 회수되는 양은 초기 입류 A의 에탄올의 양이 15kg-mol/hr이므로 회수되는 양은 14.32/15×100 = 95.47%이다.

13 C_4H_{10}의 완전 연소화학식 : $2C_4H_{10} + 13O_2 \rightarrow 10H_2O + 8CO_2$

$2C_4H_{10}$가 10mol이므로 C_4H_{10}의 경우 5mol

∴ 완전연소 시 필요한 산소의 양 $13O_2$, 5×13 = 65mol, 과잉 10% 사용한다면 65 + 6.5 = 71.5mol

14 상대습도는 현재 대기 중의 수증기의 질량을 현재 온도의 포화 수증기량으로 나눈 비율(%)이다.

∴ 21mmHg/24mmHg×100% = 87.5%

15 반응식 : 2A+B → R

반응 전 : A=100, B=X, R=0, 반응 후 : A=100−2Y, B=X−Y, R=Y

A성분의 잔여물이 10mol이므로 100−2Y=10, 따라서 Y=45mol.

또한 원료성분 A와 B의 몰 비가 5:3이므로 100:X=5:3, X=60

∴ 성분 B의 변화율 : 45/60=0.75

16 메탄올과 물의 혼합물의 양을 100mol이라 가정한다. (∵ 메탄올 20mol, 물 80mol)

• 액상 : 전체 50mol, 메탄올 5mol, 물 45mol (∵ 액상에서 메탄올의 몰분율이 0.1이기 때문)

• 기상 : 전체 50mol, 메탄올 15mol, 물 35mol (∵ 메탄올 20−5=15mol, 물 80−45=35mol)

∴ 기상에서의 메탄올의 몰분율 15mol/50mol=0.3

정답 및 해설 12.③ 13.① 14.③ 15.④ 16.③

17 미리 정해진 순서에 따라 순차적으로 제어가 진행되는 제어 방식으로 작동 명령이 타이머나 릴레이에 의해서 행해지는 제어는?

① 시퀀스제어(sequence control)

② 피드백제어(feed back control)

③ 피드포워드제어(feed forward control)

④ 캐스케이드제어(cascade control)

18 어떤 기체의 열용량 C_p는 다음과 같은 온도의 함수이다.

$$C_p(\text{J/mol} \cdot \text{K}) = 10 + 0.02\,T$$

T의 단위는 K이다. 동일 압력에서 이 기체의 온도가 127℃에서 227℃로 증가할 때 단위 몰당 엔탈피(J/mol) 변화는?

① 20

② 110

③ 1,900

④ 2,100

19 다음 중 수증기 증류가 가능한 것으로 옳은 것은?

① $C_6H_5NH_2$

② C_2H_5OH

③ C_6H_6

④ $HO(CH_2)_4OH$

20 어떤 제철소에서 하루에 12,000ton의 석탄을 태워 용광로 온도를 유지하고 있다. 이 제철소에서 하루 동안 배출하는 이산화탄소의 양은 얼마인가? (단, 석탄은 100% 탄소로만 구성되어 있고 이산화탄소 분자량은 44, 연소는 $C + O_2 \rightarrow CO_2$ 반응 한 가지만으로 가정한다.)

① 2,200ton

② 4,400ton

③ 22,000ton

④ 44,000ton

---

17 ① 시퀀스제어 : 얻고자 하는 목표 값의 변경 등을 미리 정해진 순서에 따라 행하는 것

② 피드백제어 : 피드백에 따라 제어량을 목표값과 비교하여 두 값이 일치하도록 조작량을 생성하는 것

③ 피드포워드제어 : 외부 변화를 측정하여 그 변화의 영향으로 제어 결과가 목표치에서 벗어날 것을 예측하고 미리 필요한 조작을 하는 제어하는 것

④ 캐스케이드제어 : 피드백 회로 제어중의 설계치가 다른 제어장치중의 영향에 따라 변화되도록 제어하는 것

18 엔탈피 변화량 : $\Delta H = \int_{T_1}^{T_2} C_P dT$, $T_1 = 127 + 273 = 400K$, $T_2 = 227 + 273 = 500K$

∴ $\Delta H = [10\,T + 0.01\,T^2]_{400K}^{500K} = [5,000 + 2,500] - [4,000 + 1,600] = 1,900 J/mol$

19 수증기 증류 : 액체는 주어진 온도에서 각각 특이한 증기압력을 갖는다. 물과 혼합되지 않는 물질은 물과 함께 끓이면 물의 증기압과 그 물질의 증기압의 합이 대기압에 도달하는 온도에서 그 혼합물이 끓게 되고 그 물질은 수증기와 같이 나오게 된다. 따라서 끓는점이 높은 물질이라도 100℃ 이하에서 유출되는 경우가 많으므로 진공 증류와는 다른 방법으로 열분해하기 쉬운 물질을 분해시키지 않고 혼합물로부터 분리 정제할 수 있다. 만약 휘발성 물질이 물과 함께 이상용액을 형성한다면 증기의 구성은 라울의 법칙에 따른다. 따라서 수증기증류법은 휘발성 물질과 물이 서로 용해되지 않을 때 더 많이 사용된다.

위의 내용을 참고하였을 때, 수증기 증류가 가능한 경우는 1. 물과 섞이는 물질이면 안 된다. 2. 물보다 끓는점이 낮으면 안 된다. 이 두 조건을 만족하는 경우여야 한다. 이 두 조건을 만족하는 물질은 보기에서 ①번 아닐린 밖에 없다.

20 몰수 = 질량/분자량이며 화학반응은 몰수에 대해 반응을 한다. 탄소의 분자량은 12g/mol이며 이산화탄소의 분자량은 44g/mol이므로 12,000ton의 석탄을 태워 배출되는 이산화탄소의 양은 $12,000 \times 44/12 = 44,000ton$이다.

정답 및 해설 17.① 18.③ 19.① 20.④

1 같은 질량의 물과 에탄올을 혼합한 용액에서 에탄올의 몰분율은? (단, 물과 에탄올의 분자량은 각각 18과 46이다)

① 0.18

② 0.28

③ 0.36

④ 0.72

2 이상기체 거동을 보이는 단원자 기체의 비열비(γ)는? (단, $\gamma = C_P/C_V$로 C_P는 정압비열, C_V는 정적비열을 나타내며, $C_V = \frac{3}{2}R$, R은 기체상수이다)

① 1.33

② 1.40

③ 1.67

④ 2.12

3 점도(viscosity)의 단위는?

① $\dfrac{\text{g}}{\text{cm} \cdot \text{sec}}$

② $\dfrac{\text{dyne}}{\text{cm}^2 \cdot \text{sec}}$

③ $\dfrac{\text{g} \cdot \text{cm}^2}{\text{sec}}$

④ $\dfrac{\text{dyne} \cdot \text{sec}}{\text{cm}}$

4 어떤 순물질 100g을 −30℃의 고체 상태에서 액체 상태를 거쳐 150℃의 기체 상태로 변환하는 데 필요한 열량을 계산할 때, 필요한 자료가 아닌 것은?

① 기체상수　　　　　　　　　　　② 용융잠열

③ 증발잠열　　　　　　　　　　　④ 비열

1

$$에탄올의\ 몰분율 = \frac{\dfrac{1}{46}}{\dfrac{1}{18} + \dfrac{1}{46}} = 0.28$$

2

$$C_P = C_V + R = \frac{5}{2}R$$

$$\therefore\ \gamma = \frac{C_P}{C_V} = \frac{\dfrac{5}{2}R}{\dfrac{3}{2}R} = \frac{5}{3} = 1.67$$

3

$$N_{Re} = \frac{\rho \cdot D \cdot u}{\mu} = [무차원]$$

$$\therefore \mu = [\rho \cdot D \cdot u] = \left[\frac{g}{cm^3} \times cm \times \frac{cm}{sec}\right] = \left[\frac{g}{cm \cdot sec}\right]$$

4

$$Q = C_{고}m\Delta T_{고} + m\Delta H_{용융} + C_{액}m\Delta T_{액} + m\Delta H_{증발} + C_{기}m\Delta T_{기}$$

필요한 정보는 물질의 녹는점, 끓는점과 고체, 액체, 기체 상태에서의 각 열용량(비열), 용융잠열, 증발잠열이다.

따라서 기체상수는 필요하지 않다.

정답 및 해설　1.②　2.③　3.①　4.①

5 주위의 온도가 30℃이고 온도수준이 0℃인 냉동에 대하여 Carnot 냉동기의 성능계수 (coefficient of performance)는?

① 0   ② 0.48

③ 9.10   ④ 11.13

6 탄소, 수소, 산소만으로 구성된 유기화합물의 연소 생성물이 $CO_2(g)$와 $H_2O(l)$일 때, n-부탄 (C_4H_{10}) 가스의 표준생성열(kJ/mol)은? (단, $CO_2(g)$, $H_2O(l)$의 표준생성열은 각각 −393 및 −285kJ/mol이며, n-부탄(C_4H_{10}) 가스의 연소열은 −2,877kJ/mol이다)

① −80   ② −100

③ −120   ④ −140

7 기체 흡수에 적용되는 헨리의 법칙에 대한 설명으로 옳은 것은?

① 기체의 압력과 액체에 대한 용해도와의 관계를 나타낸 식
② 기체의 온도와 액체의 비열과의 관계를 나타낸 식
③ 기체의 온도와 기체의 증기압과의 관계를 나타낸 식
④ 기체의 온도와 액체에 대한 확산속도와의 관계를 나타낸 식

8 몰조성이 벤젠(A) 70%, 톨루엔(B) 30%인 80.1℃의 혼합용액과 평형을 이루는 벤젠과 톨루엔의 증기조성(y_A, y_B)은? (단, 기상은 이상기체, 액상은 이상용액의 거동을 보이며, 80.1℃에서 순수 벤젠 및 순수 톨루엔의 증기압은 각각 1.01, 0.39bar이다)

① $y_A = 0.73$, $y_B = 0.27$

② $y_A = 0.78$, $y_B = 0.22$

③ $y_A = 0.86$, $y_B = 0.14$

④ $y_A = 0.93$, $y_B = 0.07$

9 분쇄 조작에 대한 설명으로 옳지 않은 것은?

① 제트밀은 3 ~ 4개의 롤러를 원판 위에 눌러대서 자전시키는 동시에 전체를 공전시켜 압축, 마찰, 전단 작용에 의해 분쇄한다.

② 자이러토리 크러셔(gyratory crusher)는 조 크러셔(jaw crusher)보다 연속 작업이 가능하고 분쇄 재료를 고정한 자켓의 콘케이브와 편심 회전 운동을 하는 자켓의 맨틀 사이에 삽입하여 압축 분쇄한다.

③ 볼밀은 볼을 분쇄 매체로 하는 회전 원통 분쇄기로 건식, 습식 공용으로 사용되며 조작, 조업에 유연성을 갖는다.

④ 습식 분쇄는 물이나 액체를 이용하여 분쇄하는 방식이다.

---

5 성능계수$(COP) = \dfrac{\text{저온부에서 흡수한 열량}}{\text{받은 일}}$

$$= \frac{Q_L}{W} = \frac{Q_L}{Q_H - Q_L} = \frac{T_L}{T_H - T_L} = \frac{273}{303 - 273} = 9.10$$

6 $n-$부탄(C_4H_{10})의 생성반응식: $4C + 5H_2 \rightarrow C_4H_{10}$

$C + O_2 \rightarrow CO_2,\ \Delta H_1 = -393$

$H_2 + \dfrac{1}{2}O_2 \rightarrow H_2O,\ \Delta H_2 = -285$

$C_4H_{10} + \dfrac{13}{2}O_2 \rightarrow 4CO_2 + 5H_2O,\ \Delta H_3 = -2,877$

$\therefore \Delta H = 4 \times \Delta H_1 + 5 \times \Delta H_2 - \Delta H_3 = 4 \times (-393) + 5 \times (-285) - (-2,877) = -120$

7 헨리의 법칙 ⋯ 일정한 온도에서 기체의 용해도는 기체의 부분압력에 비례한다.

8 $y_A P = x_A P_A^*$ (y_A : 벤젠의 증기조성, P: 전체압력, x_A : 벤젠의 용액조성, P_A^* : 순수 벤젠의 증기압)

$$\therefore y_A = \frac{x_A P_A^*}{P} = \frac{x_A P_A^*}{x_A P_A^* + x_B P_B^*} = \frac{0.7 \times 1.01}{0.7 \times 1.01 + 0.3 \times 0.39} = 0.86$$

$\therefore y_B = 1 - y_A = 1 - 0.86 = 0.14$

9 롤러를 사용하는 것은 롤 크러셔(crushing roll)이다. 제트밀(jet mill)은 수 기압 이상의 압축공기 또는 수증기를 사용한다.

정답 및 해설 5.③ 6.③ 7.① 8.③ 9.①

10 물질의 상태에 따른 열전도도에 대한 설명으로 옳은 것은?

① 열전도도의 크기는 기체 > 액체 > 고체 순서이다.

② 액체의 열전도도는 온도 상승에 의하여 증가한다.

③ 기체의 열전도도는 온도 상승에 의하여 감소한다.

④ 고체상의 순수 금속은 전기전도도가 증가할수록 열전도도는 높아진다.

11 실제기체 상태를 나타내는 식으로 다음과 같은 반데르발스식이 널리 사용된다.

$(P + \dfrac{a}{V_m^2})(V_m - b) = RT$ 이때, $\dfrac{a}{V_m^2}$ 와 b 는 이상기체상태식 $PV_m = RT$로부터 무엇을 보

정해 주는 인자인가? (단, V_m 은 몰부피이다)

	$\dfrac{a}{V_m^2}$	b
①	분자 간 인력	분자 간 척력
②	분자 간 척력	분자 간 인력
③	분자 간 인력	분자 간 인력
④	분자 간 척력	분자 간 척력

12 기체 흡수 공정에 사용되는 흡수액의 필요 성질이 아닌 것은?

① 원하는 기체에 대한 선택적 흡수능

② 용이한 흡수와 탈리

③ 가격의 경제성

④ 높은 증기압

13 안지름이 5cm인 원형관을 통하여 비중 0.8, 점도 50cP(centipoise)의 기름이 2m/s로 이동할 때, 레이놀즈(Reynolds) 수에 기초하여 계산된 흐름의 영역은?

① 플러그 흐름(plug flow) 영역

② 층류(laminar flow) 영역

③ 전이(transition) 영역

④ 난류(turbulent flow) 영역

---

10 ① 열전도도의 크기는 고체>액체>기체 순서이다.
②③ 기체의 열전도도는 온도 상승에 의하여 증가한다.

11 이상기체일 때, 반데르발스 식 : $PV_m = RT$ $\therefore P = \dfrac{RT}{V_m}$, $V_m = \dfrac{RT}{P}$

먼저, 이상기체는 기체 분자 자체의 size를 고려하지 않는다. 실제기체에서 기체 분자 자체의 size와 그로 인한 분자 간 척력에 대해 고려하면 몰부피 V_m은 조금 더 커져야 한다.

$\therefore V_m = \dfrac{RT}{P} + b$

두 번째로, 이상기체에서 고려하지 않았던 분자 간 상호인력을 고려한다면, 실제기체의 압력 P는 조금 더 작아지게 된다.

$\therefore P = \dfrac{RT}{V_m - b} - \dfrac{a}{V_m^2}$ $\therefore \left(P + \dfrac{a}{V_m^2}\right)(V_m - b) = RT$

12 흡수액의 필요 성질
ⓐ 원하는 기체에 대한 선택적 흡수능
ⓑ 용이한 흡수와 탈리
ⓒ 가격의 경제성
ⓓ 높은 용해도
ⓔ 낮은 휘발성과 인화성
ⓕ 화학적 안정성

13 비중 $= 0.8 \rightarrow \rho = 0.8\mathrm{g/cm^3}$

$\mu = 50\mathrm{cP} = 50 \times 0.1\mathrm{g/cm \cdot s}$

$N_{Re} = \dfrac{\rho \cdot D \cdot u}{\mu} = \dfrac{(0.8\mathrm{g/cm^3}) \times (5\mathrm{cm}) \times (200\mathrm{cm/s})}{(50 \times 0.1\mathrm{g/cm \cdot s})} = 160 < 2,100$ $\therefore$ 층류

정답 및 해설 10.④ 11.① 12.④ 13.②

14 화학공정에 대한 설명으로 옳지 않은 것은?

① 물의 삼중점에서 자유도 값은 0이다.

② 상태함수는 계의 주어진 상태에 의해서 결정되며, 그 상태에 도달하기까지의 과정에 따라 값이 달라진다.

③ 물의 점도는 온도가 증가하면 감소한다.

④ 임의 크기의 균질계에 대한 전체 부피는 크기성질(extensive property)이다.

15 냉매 및 냉동 장치에 대한 설명으로 옳은 것은?

① 냉매의 증발잠열은 작아야 한다.

② 증발기 온도에서 냉매의 증기압은 대기압보다 높아야 한다.

③ 응축기는 압축기에 의하여 고온, 고압으로 된 냉매를 증발시키는 장치이다.

④ 응축기 온도에서 증기압은 높을수록 좋다.

16 다음 중 임펠러를 이용한 교반에 사용되는 레이놀즈(Reynolds) 수는? (단, μ : 점도, D : 임펠러의 지름, n : 회전수 (rpm), ρ : 유체의 밀도이다)

① $\dfrac{\rho \cdot n \cdot D^2}{\mu}$

② $\dfrac{\rho \cdot n \cdot D}{\mu^2}$

③ $\dfrac{\rho^2 \cdot n^2 \cdot D}{\mu}$

④ $\dfrac{\rho^2 \cdot n^2 \cdot D^2}{\mu}$

17 다음 그림은 공기를 사용한 이상적인 기체터빈기관(Brayton 사이클)의 $P - V$선도를 나타낸다. 공정이 압력비(P_B/P_A) 4에서 가역적으로 운전될 때, 사이클의 효율은? (단, 공기는 일정한 비열을 갖는 이상기체이며, 공기의 정압비열/정적비열 = 2로 가정한다)

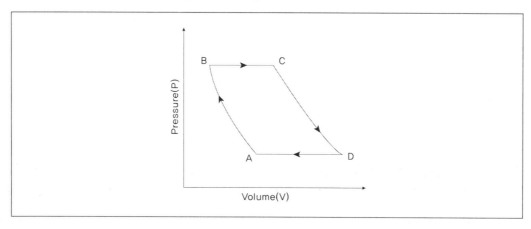

① 0.3

② 0.4

③ 0.5

④ 0.6

---

14 상태함수는 계의 주어진 상태에 의해서 결정되며, 그 상태에 도달하기까지의 과정에 상관없이 처음과 나중상태만 같다면 그 값이 일정하다.

15 ① 냉매의 증발잠열은 커야 한다.
③ 응축기는 압축기에 의하여 고온, 고압으로 된 냉매를 응축 액화하는 장치이다.
④ 응축기 온도에서 증기압은 낮을수록 좋다.

16
$$N_{Re} = \frac{\rho \cdot D \cdot u}{\mu} = \frac{\rho \cdot D \cdot (n \cdot D)}{\mu} = \frac{\rho \cdot n \cdot D^2}{\mu}$$

17 *Brayton* 사이클의 효율
$$\eta = 1 - \frac{1}{\left(\dfrac{P_B}{P_A}\right)^{\frac{\gamma-1}{\gamma}}} \quad \left(\gamma = \frac{C_P}{C_V} = \frac{정압비열}{정적비열}\right)$$
$$\therefore \eta = 1 - \frac{1}{(4)^{\frac{2-1}{2}}} = 1 - \frac{1}{2} = 0.5$$

18 원통 축에 수직 방향으로 유체가 원통 외부를 지나가는 경우, 다음 중 옳지 않은 것은?

① 난류 경계층 유동인 경우, 항력 계수는 표면 거칠기에 영향을 받지 않는다.

② 레이놀즈(Reynolds) 수가 1 미만인 영역은 점성력이 지배적이다.

③ 점성이 0인 이상적인 유체는 마찰항력과 압력항력이 0이다.

④ 항력과 양력은 서로 수직 방향이다.

19 10cm의 지름을 가지는 원통형 반응기에서 1m/s의 유속으로 기체 A가 주입될 때의 레이놀즈 (Reynolds) 수를 N_{Re1}이라고 하자. 같은 기체가 1m의 지름을 가지는 원통형 반응기로 0.1m/s의 유속으로 주입될 때의 레이놀즈(Reynolds) 수를 N_{Re2}라고 할 때, 두 레이놀즈 (Reynolds) 수의 비(N_{Re1}/N_{Re2})는? (단, 기체 A는 뉴튼 유체이다)

① 0.1

② 1.0

③ 2.0

④ 10.0

20 고압의 질소가스가 298K에서 두께가 3cm인 천연고무로 된 2m×2m×2m의 정육면체 용기에 담겨 있다. 고무의 내면과 외면에서 질소의 농도는 각각 0.067kg/m³과 0.007kg/m³이다. 이 용기로부터 6개의 고무 면을 통하여 확산되어 나오는 질소가스의 물질전달속도(kg/s)는? (단, 고무를 통한 질소의 확산계수는 $1.5×10^{-10}$ m²/s이다)

① $2.2 × 10^{-10}$

② $4.2 × 10^{-10}$

③ $6.2 × 10^{-9}$

④ $7.2 × 10^{-9}$

18 난류 경계층 유동인 경우, 항력 계수는 표면 거칠기에 영향을 받는다.

19 $N_{Re} = \dfrac{\rho \cdot D \cdot u}{\mu}$ $\therefore N_{Re} \propto (D \cdot u)$

$\dfrac{N_{Re,1}}{N_{Re,2}} = \dfrac{0.1 \times 1}{1 \times 0.1} = 1.0$

20 $\dfrac{w}{A} = D \times \dfrac{dC}{dl}$ (w : 물질전달속도, A : 단면적, D : 확산계수, C : 농도, l : 두께)

$A = 6 \times (2\mathrm{m}) \times (2\mathrm{m}) = 24\mathrm{m}^2$ (정육면체니까 6개의 면)

$\therefore w = A \times D \times \dfrac{C_H - C_L}{l} = (24\mathrm{m}^2) \times (1.5 \times 10^{-10}\mathrm{m}^2/\mathrm{s}) \times \dfrac{(0.067 - 0.007)\mathrm{kg/m}^3}{3\mathrm{cm} \times \dfrac{1\mathrm{m}}{100\mathrm{cm}}} = 7.2 \times 10^{-9}\mathrm{kg/s}$

정답 및 해설   18.① 19.② 20.④

1 증류탑에서 원료 공급선(feed line)의 기울기가 영(0)인 원료 공급 조건에 해당하는 것은?

① 액체와 증기의 혼합 원료를 공급할 경우

② 포화증기를 공급할 경우

③ 포화액체를 공급할 경우

④ 과열 증기(superheated vapor)를 공급할 경우

2 정상상태로 조업되는 반응기에 유입되는 흐름과 유출되는 흐름을 분석한 결과, 반응에 참여하지 않는 비활성물질의 조성이 유입 흐름과 유출 흐름에서 각각 20mol%와 10mol%이다. 이 반응기에 유입되는 흐름의 유속이 100mol/s일 때 유출 흐름의 유속[mol/s]은? (단, 반응기에서 반응물은 생성물로 100% 전환된다)

① 50   ② 100

③ 200   ④ 500

3 유량의 조절 또는 개폐의 목적으로 사용되는 밸브의 종류와 이에 대한 설명으로 옳지 않은 것은?

① 게이트 밸브 : 유량 조절에 적합하며 압력 강하가 작다.

② 글로브 밸브 : 유량 조절에 널리 사용되며 압력 손실이 크다.

③ 버터플라이 밸브 : 원판 회전에 의해 작동되며 개폐작용이 빠르고 간단하다.

④ 체크 밸브 : 유체를 한쪽 방향으로만 흐르게 하여 역류를 방지한다.

4 다음 분체 제조 장치 중, 가장 작은 크기의 분체를 제조할 수 있는 장치는?

① 콜로이드 밀(colloid mill)

② 선동 파쇄기(gyratory crusher)

③ 중간형 해머 밀(intermediate hammer mill)

④ jaw 파쇄기(jaw crusher)

---

1 원료공급선: $y = \dfrac{q}{q-1}x - \dfrac{x_F}{q-1}$, 기울기 $= \dfrac{q}{q-1} = 0$ $\therefore q = 0$

q값에 따른 공급 원료의 변화

q > 1 : 차가운 원액

q = 1 : 포화 액체

0 < q < 1 : 기체와 액체가 공존

q = 0 : 포화 증기

q < 0 : 과열 증기

2 x = 유출 흐름의 유속[mol/sec]

$0.2 \times 100 = 0.1 \times x$ $\therefore x = 200\text{mol/sec}$

3 게이트 밸브 ··· 지름이 큰 배관에 사용하는 것으로 섬세한 유량 조절이 불가능하다.

4 ① 콜로이드 밀(colloid mill)은 분쇄도를 약 1μ 정도를 할 목적으로 설계된 기계이다.

②③④ 선동 파쇄기(gyratory crusher), 중간형 해머 밀(intermediate hammer mill), jaw 파쇄기(jaw crusher)
는 수십 cm를 수 cm 정도로 분쇄하는 장치이다.

정답 및 해설 1.② 2.③ 3.① 4.①

5 동점도(kinematic viscosity), 확산도(diffusivity) 및 열확산도(thermal diffusivity)의 차원은 모두 같다. 이들 차원으로 옳은 것은? (단, L은 길이, T는 시간, M은 무게를 나타낸다)

① $L^2 T^{-1}$

② $ML^2 T^{-1}$

③ $L^{-1} T^2$

④ $ML^{-1} T^2$

6 증류탑의 총괄 단효율(overall tray efficiency)이 70%이고 McCabe–Thiele법으로 구한 이론 단수가 20이라면 설계해야 할 증류탑의 실제 단수는? (단, 실제 단수는 소수점 첫째 자리에서 반올림한다)

① 6

② 14

③ 20

④ 29

7 공기 100g의 온도를 20℃에서 50℃까지 승온하기 위해 필요한 열량[kcal]은? (단, 압력 변화는 없으며 공기의 정압비열(C_p)은 0.24 kcal/kg · ℃이다)

① 0.24

② 0.56

③ 0.72

④ 1.20

8 유체 속에서 중력 낙하하는 입자에 대한 설명으로 옳지 않은 것은?

① 입자에는 부력, 항력 및 중력이 작용하며 '가속력 = 중력 − 부력 − 항력'의 관계식이 성립한다.

② 입자가 가속됨에 따라 항력이 증가하면서 가속도를 감소시키며 결국 가속도가 영(0)이 될 때 종말 속도에 도달한다.

③ 입자의 레이놀즈(Reynolds) 수가 1보다 상당히 작을 때(Re ≪ 1) Stokes 법칙이 적용되며 이 때 항력계수(C_D, drag coefficient)는 0.40 ~ 0.45로 거의 일정하다.

④ 크기가 매우 큰 입자가 기체나 저점도 유체 내에서 낙하할 때에는 Stokes 법칙이 성립하지 않는다.

9 성분 A, B로 구성된 이성분 혼합물이 x축 방향으로만 이동하고 있다. A, B 성분들의 밀도는 각각 $\rho_A = 1.5 \, \text{g/cm}^3$, $\rho_B = 1.0 \, \text{g/cm}^3$이며 속도는 각각 $v_{A,\,x} = 2 \, \text{m/s}$, $v_{B,\,x} = -0.5 \, \text{m/s}$이다. Fick의 법칙에 의한 성분 A의 질량 플럭스$[\text{g/cm}^2 \cdot \text{s}]$는?

① 150

② 200

③ 250

④ 300

---

5 동점도 $= \dfrac{\text{절대점도}}{\text{밀도}} = \left[\dfrac{ML^{-1}T^{-1}}{ML^{-3}} \right] = \left[L^2 T^{-1} \right]$

6 단효율 $= \dfrac{\text{이론단수}}{\text{실제단수}} \times 100 (\%)$

$\therefore$ 실제단수 $= \dfrac{\text{이론단수}}{\text{단효율}} \times 100 = \dfrac{20}{70} \times 100 = 28.5 ≒ 29$

7 $Q = m \cdot C_p \cdot \Delta T$

$\quad = (0.1\text{kg}) \times (0.24\text{kcal/kg} \cdot \text{℃}) \times (30\text{℃}) = 0.72\text{kcal}$

8 입자의 레이놀즈 수가 1보다 상당히 작을 때는 Stokes 법칙이 적용되며 이 때 항력계수(CD)는 $C_D = \dfrac{24}{Re}$ 식을 따른다.

9 질량플럭스 = 밀도×속도변화 $= \rho_A \times (v_A - v_0)$

$v_A = 2\text{m/s}$,

$v_0 = v_A \times \dfrac{m_A}{m_A + m_B} + v_B \times \dfrac{m_B}{m_A + m_B}$

$\quad = \left(2 \times \dfrac{1.5}{1.5 + 1} \right) + \left((-0.5) \times \dfrac{1}{1.5 + 1} \right) = 1\text{m/s}$

$\therefore$ 질량플럭스 $= (1.5\text{g/cm}^3) \times (1\text{m/s}) \times \dfrac{100\text{cm}}{1\text{m}} = 150\text{g/cm}^2 \cdot \text{s}$

정답 및 해설 5.① 6.④ 7.③ 8.③ 9.①

10 온도가 같은 동일 부피의 수소 기체와 산소 기체의 무게를 측정하였더니 서로 동일하였다. 이 때 수소 기체의 압력이 4atm이라면, 산소 기체의 압력[atm]은? (단, 수소 기체와 산소 기체는 이상기체로 가정한다)

① $\dfrac{1}{4}$

② $\dfrac{1}{2}$

③ 1

④ 2

11 다음과 같은 복합 반응을 구성하는 반응 ㉠과 ㉡에서 반응물 A의 소멸속도를 각각 $r_{㉠A}$, $r_{㉡A}$ 라고 할 때, 반응물 B와 중간체 I에 대한 알짜 반응속도(net reaction rate) r_B와 r_I를 $r_{㉠A}$ 와 $r_{㉡A}$로 올바르게 나타낸 것은?

㉠ $2A + B \rightarrow 2I$	㉡ $A + I \rightarrow P$

$\underline{r_B}$ $\underline{r_I}$

① $2r_{㉠A}$ $-2r_{㉠A} + r_{㉡A}$

② $r_{㉠A}$ $2r_{㉠A} + r_{㉡A}$

③ $\dfrac{1}{2}r_{㉠A}$ $-r_{㉠A} + r_{㉡A}$

④ $r_{㉠A}$ $-r_{㉠A} + r_{㉡A}$

12 내경이 10cm인 원형 관에 밀도가 1.5g/cm^{3}인 유체가 2cm/s 속도로 흐르고 있다. 레이놀즈(Reynolds) 수가 60이라고 가정할 경우, 이 유체의 점도[g/cm · s]는?

① 0.2

② 0.3

③ 0.4

④ 0.5

13 이상(ideal) 회분식 반응기에 대한 설명으로 옳지 않은 것은?

① 반응이 진행되는 동안 반응물과 생성물의 유입과 유출이 없다.

② 반응 시간에 따라 반응기 내의 조성이 변하지 않는 정상상태 조작이다.

③ 조성과 온도는 반응기 내 위치와 무관하다.

④ 전환율(conversion)은 반응물이 반응기 내에서 체류한 시간의 함수이다.

구분	수소 기체(H_2)	산소 기체(O_2)
무게	1	1
분자량	2	32
몰 수	$\dfrac{1}{2}$	$\dfrac{1}{32}$
압력	4	x

10

(압력$\propto$몰 수)이므로 $\dfrac{1}{2} : \dfrac{1}{32} = 4 : x$　$\therefore x = \dfrac{1}{4}$

11　$\dfrac{-1}{2} r_{\text{㉠}A} = -r_B = \dfrac{1}{2} r_{\text{㉠}I},$　$\therefore r_B = \dfrac{1}{2} r_{\text{㉠}A}$

$-r_{\text{㉡}A} = -r_{\text{㉡}I} = r_P$

$r_I = r_{\text{㉠}I} + r_{\text{㉡}I} = -r_{\text{㉠}A} + r_{\text{㉡}A}$

12　$N_{Re} = \dfrac{\rho \cdot D \cdot u}{\mu}$

$\therefore \mu = \dfrac{\rho \cdot D \cdot u}{N_{Re}} = \dfrac{(1.5\text{g/cm}^3)(10\text{cm})(2\text{cm/s})}{60} = 0.5\text{g/cm} \cdot \text{s}$

13 이상 회분식 반응기는 위치에 따라 반응기 내의 조성이 일정한 반응기를 말한다.

정답 및 해설　10.①　11.③　12.④　13.②

14 지름이 5m인 물탱크에 5m의 높이로 물이 채워져 있다. 지름이 10cm인 수평관이 물탱크 바닥에 연결되어 있는 경우 배출구를 통한 초기 배출 속도[m/s]는? (단, 수평관에서의 마찰 손실은 무시하며 중력 가속도는 10m/s^{2}로 가정한다)

① 5

② 10

③ 15

④ 20

15 고체상의 수직벽에 의해 고온의 유체와 저온의 유체가 나뉘어져 있다. 두 유체 사이의 온도차가 2배로 증가된다면 이에 따른 열전달량은 몇 배인가? (단, 정상상태를 가정하며 총괄 열전달계수와 열전달 면적은 일정하다)

① 0.5

② 1.0

③ 2.0

④ 4.0

16 다음은 흐름 단면이 원형인 관을 통해 흐르는 비압축성 유체의 속도 분포식이다. 이 유체의 평균 속도[m/s]는? (단, u는 유체의 속도, R은 관의 내반경, r은 관의 중심에서부터 반경 방향 거리이다)

$$u = 20\left[1 - \left(\frac{r}{R}\right)^2\right] \text{ (m/s)}$$

① 5

② 10

③ 15

④ 20

17 내경이 2cm에서 4cm로 변하는 관에서 유체가 흐를 때 내경이 2cm인 관 내부에서 유체의 평균 유속이 1m/s라면, 내경이 4cm인 관 내부에서 유체의 평균 유속[m/s]은? (단, 유체의 밀도와 유량은 변화가 없으며 마찰은 무시한다)

① 4

② 2

③ 0.5

④ 0.25

---

14 베르누이식($\sum F = 0$: 마찰손실 무시)

$$\frac{P_1}{\rho} + gz_1 + \frac{u_1^2}{2} = \frac{P_2}{\rho} + gz_2 + \frac{u_2^2}{2}$$

여기서 압력 변화가 없기 때문에 $P_1 = P_2$이고, $u_1 = 0$

$$\therefore \frac{u_2^2}{2} = g(z_1 - z_2)$$

$$\therefore u_2 = \sqrt{2g(z_1 - z_2)} = \sqrt{2 \times (10\text{m/s}^2) \times (5\text{m})} = 10\text{m/s}$$

15 $Q = C \cdot m \cdot T \Delta T$, 즉 $Q \propto \Delta T$

따라서 온도차가 2배가 되면 열전달량도 2배가 된다.

16
$$u_{av} = \frac{1}{A} \iint_A u dA = \frac{1}{\pi R^2} \int_0^{2\pi} \int_0^R 20 \left[1 - \left(\frac{r}{R} \right)^2 \right] r dr d\theta = \frac{20}{\pi R^2} \int_0^{2\pi} \int_0^R \left(r - \frac{r^3}{R} \right) dr d\theta$$

$$= \frac{20}{\pi R^2} \int_0^{2\pi} \left(\frac{R^2}{2} - \frac{R^4}{4R^2} \right) d\theta = \frac{20}{\pi R^2} \int_0^{2\pi} \left(\frac{R^2}{4} \right) d\theta = \frac{20}{\pi R^2} \times \frac{\pi R^2}{2} = 10\text{m/s}$$

17
$$u_1 A_1 = u_2 A_2 \quad \therefore u_2 = u_1 \times \frac{A_1}{A_2} = u_1 \times \frac{D_1^2}{D_2^2} = 1 \times \frac{2^2}{4^2} = 0.25\text{m/s}$$

정답 및 해설   14.②   15.③   16.②   17.④

18 벽에 얇은 플라스틱판이 붙어 있다. 플라스틱판 양쪽의 온도는 각각 50℃와 55℃이다. 정상상태에서 벽으로 전달되는 열 플럭스(heat flux)[$J/m^2 \cdot s$]는? (단, 플라스틱판의 열전도도는 0.6 $J/m \cdot s \cdot ℃$이다)

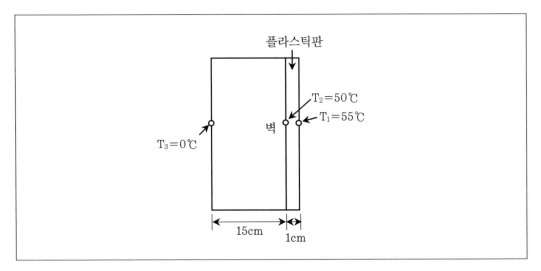

① 3

② 30

③ 300

④ 3,000

19 총 외부 표면적이 100ft^{2}인 향류(countercurrent)이중관 열교환기 내에서 유체 A가 질량 유속 10,000lb/h로 흐르며 200℉에서 100℉로 냉각된다. 냉각을 위해 50℉인 유체 B가 5,000lb/h의 유속으로 열교환기에 주입될 경우 대수평균온도차(log mean temperature difference)[℉]는? (단, 유체 A와 B의 열용량은 각각 0.5Btu/(lb · ℉), 0.8Btu/(lb · ℉)이며 ln2 = 0.7, 대수평균온도차 값은 소수점 첫째 자리에서 반올림한다)

① 36

② 48

③ 60

④ 72

20 비압축성 뉴턴(Newtonian) 유체의 유동장을 나타내는 속도 벡터가 직교좌표계에서 다음과 같이 표현될 때, 비압축성을 항상 만족하기 위한 계수들(a_i)의 관계식으로 옳은 것은? (단, $\overrightarrow{e_x}$, $\overrightarrow{e_y}$, $\overrightarrow{e_z}$는 각각 x, y, z축의 단위 벡터이다)

$$\overrightarrow{v} = (a_1 x + a_2 y)\overrightarrow{e_x} + (a_3 y + a_4 z)\overrightarrow{e_y} + (a_5 z + a_6 x)\overrightarrow{e_z}$$

① $a_1 + a_2 + a_3 + a_4 + a_5 + a_6 = 1$

② $a_1 + a_3 + a_5 = 0$

③ $a_2 + a_4 + a_6 = 1$

④ $a_1 + a_2 = 0$

---

18 $q = \dfrac{\Delta T}{\dfrac{l}{k}} = \dfrac{5\,\text{℃}}{\left(\dfrac{1\text{cm}}{0.6\text{J/m}\cdot\text{s}\cdot\text{℃}}\right) \times \dfrac{1\text{m}}{100\text{cm}}} = 300\text{J/m}^2\cdot\text{s}$

19 유체 A가 준 열량 = 유체 B가 받은 열량

$Q = C_A m_A (T_{A2} - T_{A1}) = C_B m_B (T_{B2} - T_{B1})$

$\quad = 0.5 \times 10,000 \times (200 - 100) = 0.8 \times 5,000 \times (T_{B2} - 50)$

$\therefore T_{B2} = 175°\text{F}$

$\Delta T_1 = 200 - 175 = 25°\text{F}, \ \Delta T_2 = 100 - 50 = 50°\text{F}$

$\Delta T_m = \dfrac{\Delta T_2 - \Delta T_1}{\ln\dfrac{\Delta T_2}{\Delta T_1}} = \dfrac{50 - 25}{\ln\dfrac{50}{25}} = \dfrac{25}{0.7} = 35.7 ≒ 36°\text{F}$

20 비압축성 유체 : $\nabla \cdot \overrightarrow{v} = 0$

$\therefore \dfrac{d\overrightarrow{v}}{dx} + \dfrac{d\overrightarrow{v}}{dy} + \dfrac{d\overrightarrow{v}}{dz} = a_1 + a_3 + a_5 = 0$

정답 및 해설 18.③ 19.① 20.②

1 다음 중 기체상수 R의 단위로 가장 옳지 않은 것은?

① $kg \cdot m \cdot K^{-1} \cdot mol^{-1}$

② $L \cdot atm \cdot K^{-1} \cdot mol^{-1}$

③ $cal \cdot K^{-1} \cdot mol^{-1}$

④ $lb_f \cdot ft \cdot R^{-1} \cdot lbmol^{-1}$

2 아래는 회분식반응기에서 일어나는 반응이다. 만일 반응기 내에 100mol의 A가 공급되어, 최종 생성물로서 10mol의 A와 160mol의 B 및 10mol의 C가 생성되었다고 할 때, 다음 중 옳은 것은?

$$A \rightarrow 2B(원하는 반응), \quad A \rightarrow C(부반응)$$

① A의 전화율은 0.8이다.

② B의 수율은 90%이다.

③ C에 대한 B의 선택도는 16molB/molC이다.

④ 원하는 반응의 반응진행도(extent of reaction)는 90mol이다.

3 반응식이 $2NOCl \rightarrow 2NO + Cl_2$인 2차 반응에서, 반응속도상수가 $0.01L/mol \cdot s$이고 NOCl의 초기 농도가 0.02mol/L라면, 20분 후 NOCl의 농도(mol/L)는 얼마인가? (단, 소수점 넷째자리에서 반올림한다.)

① 0.008mol/L

② 0.010mol/L

③ 0.012mol/L

④ 0.016mol/L

4 다음 〈보기〉에서 농도에 대한 설명으로 옳은 것을 모두 고르면?

〈보기〉

㉮ 몰농도는 용액 1L에 녹아 있는 용질의 mol수로, 온도에 따라 달라진다.

㉯ 몰랄농도는 용매 1kg에 녹아 있는 용질의 mol수이다.

㉰ 노르말농도는 용액 1L에 녹아 있는 용질의 당량수로 나타낸다.

㉱ ppm은 십억분율로 극미량 성분의 농도에 사용된다.

① ㉮, ㉯, ㉰　　　　　　　　　　② ㉮, ㉰, ㉱

③ ㉯, ㉰, ㉱　　　　　　　　　　④ ㉮, ㉯, ㉰, ㉱

1　기체상수 R = [압력 · 부피/몰수 · 온도] = [에너지/몰수 · 온도]

2　B의 생성량 = 160mol　∴ 원하는 반응($A{\to}2B$)에 사용된 A의 양 = 80mol

　　C의 생성량 = 10mol　∴ 부반응($A{\to}C$)에 사용된 A의 양 = 10mol

　　∴ A의 전화율 = $\dfrac{\text{사용된 } A \text{의 양}}{A \text{의 공급량}}$ = $\dfrac{90\text{mol}}{100\text{mol}}$ = 0.9

　　B의 수율 = $\dfrac{\text{실제 생성량}}{\text{이론 생성량}} \times 100(\%)$ = $\dfrac{160\text{mol}}{200\text{mol}} \times 100 = 80$

　　원하는 반응의 반응진행도 = 80mol

3
$$-r_A = kC_A^2 = -\frac{dC_A}{dt}$$
$$-kdt = \frac{dC_A}{C_A^2} \quad \therefore kt = \frac{1}{C_A} - \frac{1}{C_{A0}}$$
$$\therefore C_A = \frac{1}{kt + \dfrac{1}{C_{A0}}} = \frac{1}{(0.01\text{L/mol} \cdot \text{s})(20 \times 60\text{s}) + \dfrac{1}{0.02\text{mol/L}}} = 0.016\text{mol/L}$$

4　㉱ ppm은 백만분율(10^{-6})이고, 십억분율은 ppb이다.

정답 및 해설　1.①　2.③　3.④　4.①

5 NH_3를 생산하기 위해 20gmol의 H_2 기체와 10gmol의 N_2 기체를 반응기에 공급하였다. 반응 전화율이 30%일 경우, 반응기에서 배출되는 NH_3, H_2, N_2 기체 질량(g)의 총 합은 얼마인가? (단, 원자량은 N = 14, H = 1이다.)

① 180g ② 320g

③ 550g ④ 710g

6 아래와 같이 관 내에 유체가 흐르고 있을 때 열린 마노미터는 16cmHg를 가리키고 있다. 관내 유체의 절대압력(cmHg)을 구하면? (단, 대기압은 1atm이다.)

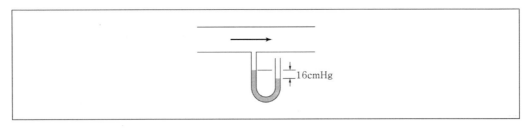

① 16cmHg ② 60cmHg

③ 84cmHg ④ 92cmHg

7 관직경이 2mm, 운동 점도(kinematic viscosity)가 $0.1cm^2/s$, Reynolds수가 2,000일 때 유체의 부피유량(cm^3/s)을 구하면? (단, $\pi=3$으로 계산한다.)

① $3cm^3/s$ ② $30cm^3/s$

③ $300cm^3/s$ ④ $3,000cm^3/s$

8 물의 높이가 항상 일정하게 유지되는 저수조에 구멍을 뚫었을 때, 그 구멍에서 유출되는 물의 유속(V)과 수면으로부터 구멍까지의 거리(Z)와의 관계를 바르게 나타낸 것은? (단, 압력차 및 마찰손실은 없다고 가정한다.)

① V는 $Z^{1/2}$에 비례한다.

② V는 Z^2에 비례한다.

③ V는 $\ln Z$에 비례한다.

④ V는 Z와 관계없이 일정하다.

---

5 반응식 : $N_2 + 3H_2 \rightarrow 2NH_3$

한정반응물 : $\dfrac{N_2의\ 공급량}{N_2의\ 반응계수} = \dfrac{10}{1} = 10$, $\dfrac{H_2의\ 공급량}{H_2의\ 반응계수} = \dfrac{20}{3}$

$10 > \dfrac{20}{3}$ 이므로 한정반응물 $= H_2$

구분	N_2	H_2	NH_3
반응비	1	3	2
처음 몰 수	10	20	
반응한 양	$\dfrac{20}{3} \times 0.3 = 2$	$20 \times 0.3 = 6$	
생성된 양			$\dfrac{20}{3} \times 2 \times 0.3 = 4$
남은 양	10−2=8mol	20−6=14mol	4mol

$\therefore$ 기체 질량(g)의 총합 $= \left(8mol \times \dfrac{28g}{1mol}\right) + \left(14mol \times \dfrac{2g}{1mol}\right) + \left(4mol \times \dfrac{17g}{1mol}\right) = 320g$

6 유체가 있는 쪽이 수은 기중이 더 높기 때문에 압력은 더 작다.

$\therefore$ 상대압력 $= -16cmHg$

절대압력 $=$ 대기압 $+$ 상대압력 $= 76cmHg + (-16cmHg) = 60cmHg$

7

$$N_{Re} = \frac{\rho \cdot D \cdot u}{\mu} = \frac{D \cdot u}{\nu} = \frac{D \cdot \left(\dfrac{4Q}{\pi D^2}\right)}{\nu} = \frac{4Q}{\pi \nu D}$$

$$\therefore Q = \frac{N_{Re} \cdot \pi \cdot \nu \cdot D}{4} = \frac{(2,000) \times 3 \times (0.1cm^2/s) \times (0.2cm)}{4} = 30cm^3/s$$

8 베르누이 방정식 : $\dfrac{\Delta P}{\rho} + g\Delta Z + \dfrac{\Delta V^2}{2} = 0$, $\Delta P = 0$

$\therefore Z \propto V^2$ $\therefore V \propto Z^{1/2}$

정답 및 해설   5.② 6.② 7.② 8.①

9 다음 〈보기〉에서 열교환기에 대한 설명으로 옳은 것을 모두 고르면?

> 〈보기〉
> ㉮ 두 유체 간의 열교환으로 가열, 냉각, 응축 조작을 하는 장치이다.
> ㉯ 열교환기의 주된 열전달 방식에는 대류와 전도가 있으며, 전도는 고체벽 각 면의 유체 경계층에서 일어난다.
> ㉰ 열교환 효율 향상을 위해 유체의 유속을 조절할 수 있다.
> ㉱ 흐름 배열은 병류와 향류가 있으며, 향류의 열교환 효율이 더 높다.

① ㉮, ㉰
③ ㉮, ㉰, ㉱

② ㉯, ㉰
④ ㉯, ㉰, ㉱

10 이중관 열교환기의 내부관에 원유가 흐르면서 90°F에서 200°F로 가열된다. 외부관에서는 등유가 향류흐름형태로 흐르면서 400°F에서 110°F로 냉각된다. 열전달속도가 180,000Btu/hr, 열전달 면적이 23ft^{2}인 경우 총괄열전달 계수(Btu/hr · ft^2 · °F)는 얼마인가? (단, 장치 내에서 총괄 열전달계수와 비열은 일정하다고 가정하며, ln10=2.3으로 계산한다.)

① 1
③ 100

② 10
④ 1000

11 상률(phase rule)을 적용할 때, 다음 평형계의 자유도가 가장 작은 경우는?

① 얼음과 물의 혼합물
② 응축수와 평형상태에 있는 습한 공기(건조공기는 한 개의 성분으로 간주한다.)
③ 총 4가지 성분의 탄화수소 기-액 혼합물
④ 단일 반응 $H_2 + Br_2 \rightleftarrows 2HBr$이 평형에 도달하여 H_2, Br_2 및 HBr 가스가 혼합되어 있는 계

12 초기 균일 온도 80℃, 반지름이 1cm인 유리구슬을 0℃의 얼음물에 넣은 후, 5분 후에 구슬의 평균 온도가 20℃까지 떨어졌다. 만일 이 유리구슬의 반지름이 2cm로 커지면 동일한 조건 하에서 구슬의 평균 온도가 80℃에서 20℃까지 떨어지는데 걸리는 시간은? (이때 Bi값은 무한대라고 가정한다.)

① 5분   ② 10분

③ 20분   ④ 40분

---

9 ④ 전도는 벽 자체에서 일어나는 열전달을 말하고, 고체벽 각 면의 유체 경계층에서 일어나는 열전달 방식은 대류이다.

10

$$Q = U \cdot A \cdot \Delta T_m \qquad \therefore U = \frac{Q}{A \cdot \Delta T_m}$$

$$\Delta T_1 = 110 - 90 = 20°\text{F}, \ \Delta T_2 = 400 - 200 = 200°\text{F}$$

$$\Delta T_m = \frac{\Delta T_2 - \Delta T_1}{\ln \dfrac{\Delta T_2}{\Delta T_1}} = \frac{200 - 20}{\ln \dfrac{200}{20}} = \frac{180}{\ln 10} = \frac{180}{2.3}°\text{F}$$

$$\therefore U = \frac{Q}{A \cdot \Delta T_m} = \frac{(180,000\text{Btu/hr})}{(23\text{ft}^2) \times \left(\dfrac{180}{2.3}°\text{F}\right)} = 100\text{Btu/hr} \cdot \text{ft}^2 \cdot °\text{F}$$

11 $F = C - P + 2$

① $F = 1 - 2 + 2 = 1$

② $F = 2 - 2 + 2 = 2$

③ $F = 4 - 2 + 2 = 4$

④ $F = 3 - 1 + 2 = 4$

12

$$u_1 A_1 = u_2 A_2 \qquad \therefore u_2 = u_1 \times \frac{A_1}{A_2} = u_1 \times \left(\frac{r_1}{r_2}\right)^2 = \frac{1}{4} u_1$$

열전달속도가 $\dfrac{1}{4}$배이므로 같은 열량을 소비하는 데 걸리는 시간은 4배

$$\therefore 5 \times 4 = 20분$$

정답 및 해설   9.③   10.③   11.①   12.③

13 평판으로의 층류 열전달의 경우, 다음 중 국부 Nu 수(Nu_x)를 바르게 표현한 식은 무엇인가?
(단, h_x : 국부 열전달계수, k : 열전도도, x : 평판 입구로부터 임의의 거리, y : x 지점에서의 열경계층 두께)

① $Nu_x = h_x y/k$

② $Nu_x = k/h_x y$

③ $Nu_x = y/x$

④ $Nu_x = x/y$

14 환경오염 방지를 위해 2mol% 아세톤과 98mol% 공기가 포함되어 있는 화학공장의 배출가스를 아세톤 제거용 흡수탑에 통과시킨다. 흡수탑은 1.0×10^5Pa, 25℃에서 물을 향류로 흘려보내 아세톤을 제거한다. 이때, 2mol% 아세톤을 함유한 배출가스와 평형을 이룬 수용액상에서의 아세톤의 몰분율은? (단, 아세톤이 녹아 들어가는 수용액과 배출가스 간 아세톤 분포는 Raoult과 Dalton법칙이 적용되며, 25℃에서 아세톤의 증기압은 5.0×10^4Pa이다.)

① 0.002

② 0.004

③ 0.02

④ 0.04

15 다음의 블록선도에서 입력 A에 대한 출력 B의 전달함수로 옳은 것은?

① $\dfrac{G_1 G_2}{1 + G_2 + G_1 G_2 G_3}$

② $\dfrac{G_2}{1 + G_1 G_2 + G_1 G_2 G_3}$

③ $\dfrac{G_1 G_2}{1 + G_1 G_2 G_3}$

④ $\dfrac{G_2}{1 + G_1 G_2 G_3}$

16 다음 〈보기〉에서 여과(filtration) 조작에 대한 설명으로 옳은 것을 모두 고르면?

> 〈보기〉
> ㉮ 여과는 유체 중의 부유입자(고체)를 다공성 매체를 통해 물리적으로 분리하는 조작이다.
> ㉯ 가압여과는 감압조작으로 여과하고 연속화가 쉽다.
> ㉰ 진공여과는 고압에서 상류 측을 가압하는 여과법이며, 여과 저항이 큰 물질에 응용된다.
> ㉱ 중력여과는 여과 저항이 비교적 작은 경우에 중력만으로 여과한다.
> ㉲ 원심여과는 여재를 통하여 흘러가는 힘으로 원심력을 이용한 방법이다.

① ㉮, ㉯, ㉰   ② ㉮, ㉱, ㉲

③ ㉮, ㉰, ㉲   ④ ㉰, ㉱, ㉲

---

13 $N = \dfrac{\text{대류열전달}}{\text{전도열전달}} = \dfrac{hy}{k}, \quad$ 국부 N수 $(N_x) = \dfrac{x}{y}$

14 $x_A P_A^* = y_A P$ ($x_A : A$의 액상 몰분율, $y_A : A$의 기상 몰분율, $P_A^* : A$의 증기압, P: 전체압력)

$\therefore x_A = y_A \times \dfrac{P}{P_A^*} = 0.02 \times \dfrac{1.0 \times 10^5}{5.0 \times 10^4} = 0.04$

15

$z = y - zG_2 \quad \therefore z = \dfrac{y}{1 + G_2}$

$x = A - BG_3 = A - zG_2G_3 = A - \dfrac{yG_3}{1 + G_2}$

$y = xG_1 = \left(A - \dfrac{yG_2G_3}{1 + G_2} \right) G_1 \quad \therefore y \left(\dfrac{1}{G_1} + \dfrac{G_2G_3}{1 + G_2} \right) = A \quad \therefore y = \dfrac{A}{\left(\dfrac{1}{G_1} + \dfrac{G_2G_3}{1 + G_2} \right)} = \dfrac{AG_1(1 + G_2)}{1 + G_2 + G_1G_2G_3}$

$B = zG_2 = y \times \dfrac{G_2}{1 + G_2} = \left\{ \dfrac{AG_1(1 + G_2)}{1 + G_2 + G_1G_2G_3} \right\} \times \dfrac{G_2}{1 + G_2} = \dfrac{AG_1G_2}{1 + G_2 + G_1G_2G_3}$

16 ㉯ 가압여과는 가압조작이다.
㉰ 진공여과는 여과면을 경계로 원료와 반대측의 공간을 감압하는 여과법이다.

<정답 및 해설> 13.④ 14.④ 15.① 16.②

17 벤젠 45mol%, 톨루엔 55mol%인 원료를 증류하여 분리하고자 한다. 분리하여 얻고자 하는 벤젠의 농도가 95mol%일 때, 원료가 끓는점(bubble point)에서 공급이 되는 경우에 최소 환류비는? (단, 벤젠 45mol%와 평형에 있는 증기의 벤젠 조성은 70mol%로 가정한다.)

① 0.5　　　　　　　　　　　　　② 1.0

③ 1.5　　　　　　　　　　　　　④ 2.0

18 다음 중 습도에 대한 설명으로 가장 옳지 않은 것은?

① 불포화 상태인 습한 공기를 냉각시킬 때, 수증기압이 포화증기압과 같아지는 온도가 이슬점이다.
② 건조공기 1kg에 포함되어 있는 수증기량(kg)을 절대습도라고 한다.
③ 공기 중의 수증기압과 그 온도에서의 포화수증기압의 비를 상대습도라고 한다.
④ 건조공기 1mol에 포함되어 있는 수증기몰수(mol)의 백분율을 퍼센트습도라고 한다.

19 다음 〈보기〉에서 운동량 전달에 사용되는 무차원 변수에 대한 설명으로 옳은 것을 모두 고르면?

〈보기〉

㉮ Reynolds수(Re) = 관성력/점성력
㉯ Euler수(Eu) = 압력/관성력
㉰ Froude수(Fr) = 관성력/표면장력
㉱ Weber수(We) = 관성력/압축력

① ㉮　　　　　　　　　　　　　② ㉮, ㉯

③ ㉮, ㉯, ㉰　　　　　　　　　　④ ㉮, ㉯, ㉰, ㉱

20 아래의 표준상태 엔탈피 값을 이용하여 〈보기〉 반응의 표준 상태 엔탈피(kJ/mol)를 구하면?

$$4Cu(s) + O_2(g) \rightarrow 2Cu_2O(s) \qquad \Delta H^0 = -333.4kJ/mol$$

$$Cu(s) + \frac{1}{2}O_2(g) \rightarrow CuO(s) \qquad \Delta H^0 = -155.2kJ/mol$$

〈보기〉

$$2Cu_2O(s) + O_2(g) \rightarrow 4CuO(s)$$

① 143.7kJ/mol

② 287.4kJ/mol

③ −143.7kJ/mol

④ −287.4kJ/mol

---

17 최소환류비 $R_{min} = \dfrac{x_D - y'}{y' - x'}$ (x_D : 배출되는 액상 몰분율, x' : 액상몰분율, y' : 기상몰분율)

$$\therefore R_{min} = \frac{0.95 - 0.7}{0.7 - 0.45} = 1$$

18 퍼센트 습도 = 비교습도 = 포화습도에 대한 절대습도의 백분율

19 ㉰ Froude수(Fr) = 관성력/중력

㉱ Weber수(We) = 관성력/표면장력

20 $4Cu(s) + O_2 \rightarrow 2CuO_2(s)$ $\quad \Delta H_1^0 = -333.4kJ/mol$

$Cu(s) + \dfrac{1}{2}O_2 \rightarrow CuO(s)$ $\quad \Delta H_2^0 = -155.2kJ/mol$

$2Cu_2O(s) + O_2(g) \rightarrow 4CuO(s)$ $\quad \Delta H^0$

$\Delta H^0 = 4 \times \Delta H_2^0 - \Delta H_1^0 = 4 \times (-155.2) - (-333.4) = -287.4kJ/mol$

정답 및 해설 17.② 18.④ 19.② 20.④

1 상온에서 10kg인 톱밥을 건조오븐에서 5시간 동안 완전 건조 후 무게를 측정하였더니 7.5kg 이었다. 건조 전 중량기준으로 계산한 톱밥의 함수율[%]은?

① 10

② 25

③ 50

④ 75

2 2mol%의 에테인(ethane)이 포함된 가스가 20℃, 15atm에서 물과 접해 있다. 헨리(Henry)의 법칙이 적용 가능할 때 물에 용해된 에테인의 몰분율은? (단, 헨리 상수는 2.5×10^4atm / mole fraction으로 가정한다)

① 1.2×10^{-5}

② 2.4×10^{-5}

③ 3.6×10^{-5}

④ 6.0×10^{-5}

3 액체상태의 물과 벤젠이 층 분리되어 있고 두 성분은 모두 기-액 평형을 이루고 있다. 물과 벤젠을 제외한 다른 성분은 없다고 가정할 때 자유도(degree of freedom)의 수는?

① 0

② 1

③ 2

④ 3

4 가격이 2억 원인 장치의 수명은 10년이고, 폐장치의 예상가격(salvage value)은 2천만 원이다. 정액법(straight-line method)으로 계산할 때, 이 장치의 5년 후 장부가격(book value)은?

① 9천만 원

② 1억 원

③ 1억 1천만 원

④ 1억 2천만 원

---

1 함수율을 구하는 식은 다음과 같다. $\dfrac{\text{건조전 무게} - \text{건조후무게}}{\text{건조전무게}} \times 100$.

$\therefore \dfrac{10\text{kg} - 7.5\text{kg}}{10\text{kg}} \times 100 = 25\%$

2 헨리의 법칙에 관련된 식은 다음과 같다. $P_i = x_i k_H$ (i : 화학종, k_H : 헨리상수, x : 몰분율)

전체기체압력 15atm에서 에테인이 차지하는 압력 : 15atm $\times$ 0.02 = 0.3atm

$\therefore$ 에테인의 몰분율 : 0.3atm $= x_i \times (2.5 \times 10^4 \text{atm/mol fraction}) \Rightarrow x_i = 1.2 \times 10^{-5}$

3 깁스상률 : $F = 2 - \pi + N$ (F : 계의자유도, π : 상의 수, N : 화학종의 수)

• 상의 수 : 액체, 기체

• 화학종의 수 : 물, 벤젠 2개이지만 층 분리 되어있으므로 개별적인 1개로 생각해야 한다.

$\therefore F = 2 - 2 + 1 = 1$

4 2억 $- 10x = $ 2천만 원 $\Rightarrow 10x = $ 1억 8천만 원 $\Rightarrow x = 1,800$만 원/year

$\therefore$ 2억 $- 1,800$만 원/year $\times$ 5year = 1억 1천만 원

청답 및 해설 1.② 2.① 3.② 4.③

5 유량계에 대한 설명으로 옳지 않은 것은?

① 벤추리미터(venturi meter)는 오리피스미터(orifice meter)보다 압력손실이 크다.

② 로터미터(rotameter)는 유체가 흐르는 유로의 면적이 유량에 따라 변하도록 되어 있다.

③ 피토관(pitot tube)은 국부 유속을 측정할 수 있는 장치이다.

④ 자력식 유량계(magnetic meter)는 패러데이 전자기유도(electromagnetic induction) 법칙을 이용하는 장치이다.

6 정지유체(still fluid) 중에서 낙하하는 입자의 운동에 대한 설명으로 옳지 않은 것은?

① 정지유체 중에서 낙하하는 입자에는 중력, 부력, 항력의 세 가지 힘이 작용한다.

② 입자가 용기의 경계 및 다른 입자로부터 충분히 떨어져 있어서 그 낙하가 영향을 받지 않을 때 자유침강이라 한다.

③ 입자가 서로 충돌하지는 않아도 한 입자의 운동이 다른 입자들에 의해 영향을 받을 때 간섭침강이라 한다.

④ 간섭침강에서의 항력계수는 자유침강에서의 항력계수보다 작다.

7 온도가 일정하게 유지되고 있는 지름 10cm인 구형(sphere) 열원이 두께가 15cm이고 열전도도가 0.5W/m℃인 단열재로 덮여있다. 정상상태에서 전도에 의한 열흐름 속도가 30W이고, 단열재 외부 표면 온도가 25℃로 일정하게 유지될 때 열원과 접하고 있는 단열재 내부 표면의 온도[℃]는? (단, $\pi = 3$으로 가정한다)

① 70

② 80

③ 90

④ 100

8 고체 수평면과 평행으로 흐르는 액체의 유속(u)이 수평면으로부터 y인 위치에서 $u[\text{m/s}]=10$ $y-y^2$의 분포로 흐르고 있다. 액체의 점도가 0.0015 Pa · s이고 뉴턴의 점성법칙을 따른다고 가정할 때, 평면 위($y=0$)에서 액체의 전단응력[Pa]은?

① 0.008

② 0.015

③ 0.042

④ 0.058

---

5 ① 오리피스 유량계 : 오리피스의 원리는 벤튜리 유량계와 비슷하다. 오리비스의 장점은 단면이 축소되는 목부분을 조절하므로써 유량을 조절된다는 점이며, 단점은 오리피스 단면에서 벤튜리 유량계보다 커다란 수두 손실이 일어난다는 점이다.

② 로터 유량계 : 면적식 유량계는 유체가 흐르는 유로의 면적변화와 유량과의 선형적인 관계를 이용한 원리이다. 면적식 유량계의 대표적인 것이 로터미터 이다.

③ 피토관 : 피토관의 국부유속은 마노미터에 나타나는 수두차에 의하여 계산한다. 왼쪽의 관은 정수압을 측정하고 오른쪽관은 유속이 0인 상태인 정체압력을 측정한다. 이를 이용하여 압력차를 구한다.

④ 자력식 유량계 : 전자유량계는 자계(磁界)속을 도체가 가로질러 이동할 때 이동속도에 비례하는 전압이 도체 중에 발생된다는 페러데이의 전자기유도법칙을 기본원리로 하고 있다.

6 ① 정지유체 중에서 낙하하는 입자에는 외력인 중력, 저항력인 부력과, 항력이 있다.

② 입자의 용기의 경계 및 다른 입자로부터 충분히 떨어져 있어 그 낙하가 영향을 받지 않을 때를 자유침강이라고 한다.

③ 입자가 서로 충돌하지는 않아도 한 입자의 운동이 다른 입자들에 의해 영향을 받을 때 간섭침강이라 한다.

④ 간섭침강에서의 항력계수는 자유침강에서의 항력계수보다 더 크다.

7 전도와 관련된 식은 다음과 같다. $\dot{Q}=-A\times k\times\dfrac{\Delta T}{\Delta x}$ (A : 면적, k : 열전도도, ΔT : 온도변화, Δx : 두께)

• 빈 구의 면적 : $A=\sqrt{4\pi r_1^2}\times\sqrt{4\pi r_2^2}=4\pi r_1 r_2=4\times3\times5\text{cm}\times20\text{cm}=1,200\text{cm}^2$

  ($r_1=5\text{cm}$, $r_2=5\text{cm}$(열원 반지름)$+15\text{cm}$(단열재 두께)$=20\text{cm}$, 단 단열재도 구형으로 간주한다.)

• 열전도도 : $0.5\text{W/m℃}\times\dfrac{1\text{m}}{100\text{cm}}=5\times10^{-3}\text{W/cm℃}$

  $\therefore \dot{Q}=-A\times k\times\dfrac{\Delta T}{\Delta x} \Rightarrow 30\text{W}=-1,200\text{cm}^2\times5\times10^{-3}\text{W/cm℃}\times\dfrac{(25℃-T_1)}{15\text{cm}}$

  $\Rightarrow 75℃=(T_1-25℃) \Rightarrow T_1=100℃$

8 문제의 조건에 의한 전단응력에 관한 식은 다음과 같다. $\tau=\mu\dfrac{du}{dy}$

  $\therefore \dfrac{du}{dy}=10-2y$, $\mu=0.0015\text{Pa}\cdot\text{s}$, 이므로 $\tau=\mu\dfrac{du}{dy}=0.0015\times10=0.015\text{Pa}$ ($y=0$일 때)

정답 및 해설 5.① 6.④ 7.④ 8.②

9 반경(R)이 10cm인 고체 구(sphere)를 뜨거운 용액에 넣었을 때, 비정상상태에서의 구 내부 온도분포를 다음 그래프를 이용하여 구하고자 한다. 여기서, α는 열확산도(thermal diffusivity), T_0는 고체 구의 초기 온도, T_1은 뜨거운 용액의 온도, T는 임의의 시간에서 구 내부의 온도, r은 고체 구 중심으로부터의 거리[cm], t는 경과시간[s]을 나타낸다. 고체 구의 중심($r=0$) 온도가 93.5℃에 도달할 때 걸리는 시간(t)은? (단, $\alpha=20\text{cm}^2/\text{s}$, $T_0=50℃$, $T_1=200℃$이고, 용액의 온도변화는 무시하며 구의 표면온도는 용액의 온도와 같다고 가정한다)

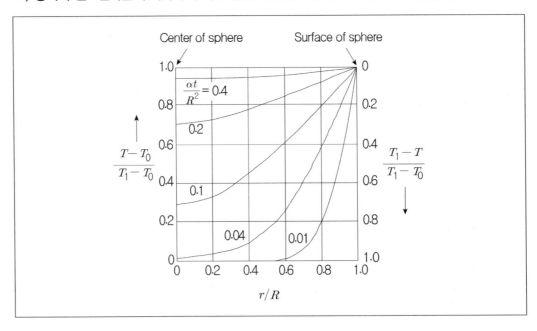

① 0.1s   ② 0.5s

③ 1s   ④ 2s

10 복사(radiation)에 대한 설명으로 옳지 않은 것은?

① 흑체(black body)는 주어진 온도에서 최대의 방사율(emissivity)을 가진다.

② 정반사(specular reflection)가 일어나는 물체 표면에서 반사율은 거의 1이며, 흡수율은 0에 가깝다.

③ 불투명 고체의 반사율과 흡수율의 합은 1이다.

④ 회색체(gray body)는 파장에 따라 단색광 방사율이 변한다.

11 비중이 1.0이고 점도가 4cP인 유체를 내경이 8cm인 파이프를 통해 20cm/s의 유속으로 흘릴 때 Reynolds 수(Re)는?

① 40

② 800

③ 4,000

④ 8,000

---

9 Center of sphere의 온도가 93.5℃에 도달했을 때의 값을 구하면 다음과 같다.

$\dfrac{T - T_0}{T_1 - T_0} = \dfrac{93.5℃ - 50℃}{200℃ - 50℃} = 0.29$, 이후 그래프를 통해 0.29일 때의 $\dfrac{\alpha t}{R^2}$ 값을 확인하면 0.1임을 알 수 있다.

$\therefore \dfrac{\alpha t}{R^2} = 0.1 \Rightarrow \dfrac{20\text{cm}^2/\text{s} \times t}{100\text{cm}^2} = 0.1 \Rightarrow t = 0.5\text{s}$

10 ① 흑체는 모든 파장의 주파수를 흡수한다. 따라서 주어진 온도에서의 방사율은 최대이다.

② 정반사는 물체 표면에서 반사율이 1에 가까운 것을 의미한다.

③ 불투명 고체는 투과율이 0이다. 따라서 반사율과 흡수율의 합은 1이다.

④ 회색체는 흑체에 비하여 흡수율이 떨어지며, 파장에 따라 독립적으로 흡수한다. 따라서 파장에 따라 단색광의 방사율은 영향을 받지 않고 독립적이다.

11 레이놀즈 수 : $\dfrac{\rho u D}{\mu}$ (ρ : 밀도, u : 유속, D : 파이프직경, μ : 점도)

파라미터 값 : 점도 는 1poise = 1g/cm · s = 100cP이므로 4cP = 0.04g/cm · s, 밀도 : 1.0g/cm³

$\therefore$ 레이놀즈수 : $\dfrac{\rho u D}{\mu} = \dfrac{1.0\text{g/cm}^3 \times 20\text{cm/s} \times 8\text{cm}}{0.04\text{g/cm} \cdot \text{s}} = 4,000$

정답 및 해설 9.② 10.④ 11.③

12 액-액 추출에 사용되는 장치가 아닌 것은?

① 혼합침강기(mixer-settler)

② 맥동탑(pulse column)

③ 충전탑(packed column)

④ 이동상 추출기(moving-bed extractor)

13 Prandtl 수(Pr)는 이동현상에서 전달되는 두 물리량의 확산도(diffusivity) 비교에 유용한 무차원수 중의 하나이다. Pr가 1보다 클 때의 확산도를 비교한 것으로 옳은 것은?

① 열 확산도(thermal diffusivity)가 물질 확산도(mass diffusivity)보다 크다.

② 물질 확산도가 열 확산도보다 크다.

③ 열 확산도가 운동량 확산도(momentum diffusivity)보다 크다.

④ 운동량 확산도가 열 확산도보다 크다.

14 벤젠 70mol%, 톨루엔 30mol%의 혼합액이 100mol/h의 유량으로 증류탑에 공급된다. 이 혼합액이 벤젠 90mol%인 탑상제품(top product)과 10mol%의 탑저제품(bottom product)으로 분리될 때 탑상제품의 유량[mol/h]은?

① 25 　　　　　　　　　　② 50

③ 75 　　　　　　　　　　④ 82

15 흡착에 대한 설명으로 옳은 것만을 모두 고른 것은?

> ㉠ 흡착을 이용한 분리는 주로 분자량, 분자모양, 분자극성 등의 차이 또는 기공과 분자간의 크기차를 이용한다.
> ㉡ 화학흡착은 흡착제와 흡착분자간 반데르발스(Van der Waals) 힘 등의 비교적 약한 인력을 가진 가역적인 현상이다.
> ㉢ 흡착제의 요건으로 높은 선택성, 큰 표면적, 내구성 및 내마모성 등이 요구된다.
> ㉣ 랭뮤어(Langmuir) 흡착등온선(adsorption isotherm)은 비가역적 흡착을 설명하는 식이다.

① ㉠, ㉡

② ㉠, ㉢

③ ㉡, ㉣

④ ㉢, ㉣

---

12 액−액 추출에 사용되는 장치는 크게 회분식 추출 장비와 연속식 추출 장비로 구분되어 진다.

회분식 추출은 추질과 추제가 단 한 번의 접촉을 갖는다. 1회 이상의 접촉이 요구되는 경우 회분식을 반복할 수도 있으나 추료의 량이 많거나 요구되는 접촉횟수가 많을 때에는 연속식을 사용하는 것이 더 경제적이다. 연속식 추출장치는 대개 연속단 접촉이나 미분접촉을 이용한다. 연속식 추출장치의 대표적인 예로는 혼합침강기, 맥동탑, 충전탑, 교반조식탑 추출기, 원심추출기, 수직탑 등이 있다.

13 $Pr = \dfrac{\nu}{\alpha} = \dfrac{\text{viscous diffusion rate}}{\text{thermal diffusion rate}}$ 의미를 갖는다. 따라서 Pr이 1보다 큰 경우는 운동량 확산도가 열 확산도보다 크다는 의미이다.

14 질량보존의 법칙을 활용한다. 입량 = 출량
- 입량 : 100mol/h ⇒ 벤젠 : 70mol/h, 톨루엔 : 30mol/h
- 출량 : 벤젠에 대한 몰유량 $x \times 0.9 + y \times 0.1 = 70$mol/h ($x$: 탑상에서의 몰유량, y : 탑저에서의 몰유량)
  톨루엔에 대한 몰유량 $x \times 0.1 + y \times 0.9 = 30$mol/h ($x$: 탑상에서의 몰유량, y : 탑저에서의 몰유량)
- ∴ 위의 연립방정식을 해결하면 $x = 75$mol/h, $y = 25$mol/h이다.

15 ㉠ 흡착을 이용한 분리는 분자량, 분자모양, 분자극성 및 기공과 분자간의 크기차를 이용한다.
㉡ 화학흡착은 흡착제와 흡착분자간 공유결합 등의 큰 세기의 인력을 가진 비가역적인 현상이다.
㉢ 흡착제는 물질이 잘 떨어지지 않고, 특정물질만 흡착해야하는 특성을 지녀야 하므로 높은 선택성, 큰 표면적, 내구성 및 내마모성 등이 요구된다.
㉣ 랭뮤어 흡착등온선은 가역적인 흡착을 설명하는 식이다.

정답 및 해설 12.④ 13.④ 14.③ 15.②

16 개방된 대형 물탱크에 물이 20m 높이로 들어있다. 물탱크의 바닥에 면적이 2cm²인 노즐이 설치되어 있다. 이 노즐을 통한 물의 초기 배출 유량[L/s]은? (단, 모든 마찰 손실은 무시하며, 중력가속도는 10m/s²로 가정한다)

① 1

② 2

③ 3

④ 4

17 공업용 반응기에 대한 설명으로 옳지 않은 것은?

① 반회분 반응기(semi-batch reactor)와 연속 교반탱크 반응기(continuous stirred tank reactor, CSTR)는 주로 액상반응에 사용된다.

② 반회분 반응기는 기체가 액체를 통하여 기포를 만들면서 연속적으로 통과하는 2상 반응에서도 사용이 가능하다.

③ 반응기 부피당 전화율은 연속 교반탱크 반응기가 관형 반응기(tubular reactor)보다 크다.

④ 관형 반응기는 반응기 내의 온도조절이 어려우며, 발열반응의 경우 국소 고온점(hot spot)이 생길 수 있다.

18 연속 분별증류탑(continuous fractionating column)에서 메탄올 수용액을 원료로 하여 메탄올 몰분율이 0.7인 탑상제품을 얻었다. 환류비(reflux ratio)가 3일 때 정류부(rectifying section)의 조작선을 나타내는 식은?

① $y_{n+1} = 0.75x_n + 0.175$

② $y_{n+1} = 0.75x_n - 0.175$

③ $y_{n+1} = -0.75x_n + 0.175$

④ $y_{n+1} = 0.75x_n + 0.75$

19 A와 B의 2성분계 혼합물(binary mixture)에서 성분 A의 확산이 성분 B의 몰유량(molar flow)과 양이 같으면서 반대방향이 되어 알짜 몰유량(net molar flow)이 없는 경우로 해석될 수 있는 단위조작 공정은?

① 흡착(adsorption)

② 흡수(absorption)

③ 정류(rectification)

④ 추출(extraction)

---

16 먼저 유속을 구하기 위해 에너지 보존법칙을 이용한다. 즉 위치에너지=운동에너지

$$mgh = \frac{1}{2}u^2 \Rightarrow u = \sqrt{2gh} = \sqrt{2 \times 10\mathrm{m/s}^2 \times 20\mathrm{m}} = 20\mathrm{m/s}$$

유량은 면적×유속이므로 초기 배출유량 : $2\mathrm{cm}^2 \times \dfrac{1\mathrm{m}^2}{(100\mathrm{cm})^2} \times 20\mathrm{m/s} \times \dfrac{1{,}000\mathrm{L}}{1\mathrm{m}^3} = 4\mathrm{L}$

17 ① 회분식 반응기, 반회분 반응기, 연속 교반탱크 반응기는 주로 액상반응에 사용되어진다.

② 반회분 반응기는 주로 반응기에 액상용액을 넣고 반응시키는 반응기로써 반응 중 존재하는 상은 액상과 기상이다. 따라서 기체가 액체를 통하여 기포를 만들면서 연속적으로 통과하는 2상 반응에도 사용이 가능하다.

③ 반응기 부피당 전화율은 일반적으로 연속 교반탱크 반응기보다 관형 반응기가 더 크다.

④ 관형반응기는 반응기 부피당 전화율이 높은 이점이 있지만, 반응기내의 온도 조절이나, 국소 온도점이 생길 수 있는 단점이 있다.

18 정류부 조작선 방정식 $y_{n+1} = \dfrac{R}{R+1}x_n + \dfrac{1}{R+1}x_D$ ($\dfrac{R}{R+1}$: 기울기, $\dfrac{1}{R+1}x_D$: y절편, R : 환류비)

∴ x_D=0.7, R=3이므로 $y_{n+1} = \dfrac{3}{3+1}x_n + \dfrac{1}{3+1} \times 0.7 \Rightarrow y_{n+1} = 0.75x_n + 0.175$

19 A와 B의 2성분계 혼합물에서 성분 A의 확산이 성분 B의 몰유량과 양이 같으면서 반대 방향이 되어 알짜 몰유량이 없는 경우로 해석된다는 것은 각 성분의 동일한 교환이 일어난다는 의미이다. 흡착, 흡수, 추출의 경우는 특정 성분을 선택적으로 가져오기 때문에 알짜 몰유량이 동등하지 않다.

정답 및 해설 16.④ 17.③ 18.① 19.③

20 투석 막(dialysis membrane)을 사이에 두고 액체 B와 액체 C가 각각 흐르고, 성분 A가 투석 막을 통해 액체 B에서 액체 C로 전달된다. 다음의 자료와 같을 때, 물질전달 속도를 가장 크게 증가시킬 수 있는 방법은? (단, 투석 막의 두께 및 면적은 각각 $200\mu m$ 및 $1m^2$이며, 액체 B와 액체 C에서 A의 농도는 각각 5.0M 및 0.1M로 일정하게 유지된다)

- 막에서의 성분 A의 유효확산계수 : $1.0 \times 10^{-9}\,m^2/s$
- 액체 B쪽에서의 성분 A의 물질전달계수 : $5.0 \times 10^{-4}\,m/s$
- 액체 C쪽에서의 성분 A의 물질전달계수 : $2.0 \times 10^{-4}\,m/s$

① 액체 B의 유량을 4배로 증가시킨다.

② 막의 두께를 절반으로 줄인다.

③ 막에서의 성분 A의 유효확산계수를 절반으로 낮춘다.

④ 액체 C의 유량을 2배로 증가시킨다.

20 다단계 물질전달에서의 관련 식은 다음과 같다.

물질전달속도 : $R_A = \dfrac{C_{A1} - C_{A2}}{1/k_{m1}A + L/D_{Am}A + 1/k_{m2}A}$

여기서 분모는 물질전달의 총 저항을 의미한다. 분모의 각 항은 대류 혹은 막에서의 확산에 대한 저항을 의미하고, 값을 비교하여 물질전달에서 지배적인 부분을 알 수 있다.

첫 번째 항은 B액체에 대한 대류의 물질전달 저항이고 이를 계산하면 $\dfrac{1}{5 \times 10^{-4} \text{m/s}} = 2{,}000\text{s/m}^2$

두 번째 항은 막에서의 확산의 물질전달 저항이고 이를 계산하면 $\dfrac{200 \times 10^{-6}\text{m}}{1.0 \times 10^{-9}\text{m}^2/\text{s}} = 2.0 \times 10^5 \text{s/m}$

세 번째 항은 C액체에 대한 대류의 물질전달 저항이고 이를 계산하면 $\dfrac{1}{2 \times 10^{-4} \text{m/s}} = 5{,}000\text{s/m}^2$

따라서 이 시스템에서는 막에서의 물질전달이 지배적이다. (면적은 1m^2동일하므로 계산에서 제외하였다.)

① 액체 B의 유량을 4배로 증가시켜도 막에서의 물질전달이 B용액의 대류에 의한 물질전달에 비하여 100배 더 영향을 미치기 때문에 크게 증가되지는 않는다.

② 막에서의 확산에 의한 물질전달이 B, C용액에 대류에 의한 물질전달보다 100배 더 영향을 미치기 때문에 확산에 대한 물질전달을 크게 하는 것이 전체 물질전달에 가장 큰 역할을 한다. 따라서 막 두께를 감소시키면 확산과 관련된 식 $J_{BC} = -D_{BC}\dfrac{dC_A}{dx}$ 에서 두께인 dx 가 반으로 줄어 물질전달 속도는 2배가 되므로 가장 크게 물질전달 속도를 높일 수 있다.

③ 막에서의 성분 A의 유효확산계수를 반으로 낮추게 되면, 물질전달 속도는 반으로 줄게 된다.

④ 액체 C의 유량을 2배로 증가시켜도 막에서의 물질전달이 C용액의 대류에 의한 물질전달에 비하여 40배 더 영향을 미치기 때문에 크게 증가되지는 않는다.

정답 및 해설 20.②

1 화학공장의 경제성을 평가하는 공학적인 비용에 대한 설명으로 옳지 않은 것은?

① 운전비용에는 건축, 계약, 허가 등의 비용이 포함된다.
② 자본투자 비용은 인도비용을 포함한 장비 구입비용에 Lang 인자를 곱하여 추산할 수 있다.
③ 자본비용에는 열교환기, 반응기, 컴퓨터 등을 구입하거나 제작하는 비용이 포함된다.
④ Marshall & Swift 지수는 특정한 연도의 장치비용을 결정하는데 이용된다.

2 다단 증류를 통해 벤젠과 톨루엔 혼합물로부터 벤젠과 톨루엔을 분리하고자 한다. 공급단 상부에서의 조작선에 대한 y절편이 0.2이고 환류비가 3일 때, 탑위 제품 내 벤젠의 몰분율은?

① 0.4 ② 0.6
③ 0.7 ④ 0.8

3 노즐에서 $7m \cdot s^{-1}$의 속도로 물이 수직으로 분사될 때, 물이 노즐로부터 올라갈 수 있는 최대 높이[m]는? (단, 중력가속도 $= 9.8m \cdot s^{-2}$이고, 물과 공기의 마찰은 무시한다)

① 1 ② 2.5
③ 5 ④ 7.5

4 반응속도 상수가 온도 T_1에서 k_1, T_2에서 k_2이다. k_1과 k_2의 관계로 옳은 것은? (단, E는 활성화 에너지, R은 기체상수이며, 아레니우스 상수와 E는 온도와 무관한 것으로 가정한다)

① $\ln\dfrac{k_2}{k_1}=\dfrac{E}{R}\left(\dfrac{1}{T_1}-\dfrac{1}{T_2}\right)$

② $\ln\dfrac{k_2}{k_1}=\dfrac{E}{R}\left(\dfrac{1}{T_2}-\dfrac{1}{T_1}\right)$

③ $\ln\dfrac{k_2}{k_1}=\dfrac{E}{2R}\left(\dfrac{1}{T_1}-\dfrac{1}{T_2}\right)$

④ $\ln\dfrac{k_2}{k_1}=\dfrac{E}{2R}\left(\dfrac{1}{T_2}-\dfrac{1}{T_1}\right)$

---

1 ① 화학공장에서 운전비용은 반응기, 열교환기 등 장비들을 운행하는데 사용되는 비용 및 유지비 등을 이야기하는 것으로써 건축, 계약, 허가 등의 비용은 포함되지 않는다.
② 자본투자 비용은 인도비용을 포함한 장비 구입비용에 Lang 인자를 곱하여 추산할 수 있다.
③ 자본비용(cost of capital)이란 자금사용의 대가로 부담하는 비용으로서 자본제공자의 입장에서는 요구수익률로 볼 수 있다. 따라서 열교환기, 반응기, 컴퓨터 등을 구입하는 것은 추후 공장에서의 수익을 낸 후 자금사용의 대가로 부담하는 비용으로 작용할 수 있기 때문에 옳은 설명이다.
④ Marshall & Swift 지수는 기준년도 1926년의 화학장치 물가지수를 100으로 보고 매년, 매월 상대적 물가지수를 index로 발표한 것으로써 특정연도의 장치비용을 결정하는데 사용된다.

2 상부조작선 방정식 $y_{n+1}=\dfrac{R}{R+1}x_n+\dfrac{1}{R+1}x_D$ ($\dfrac{R}{R+1}$: 기울기, $\dfrac{1}{R+1}x_D$: y절편, R : 환류비)

$\therefore \dfrac{1}{R+1}x_D=0.2$, $R=3$이므로 $x_D=0.2(3+1)=0.8$

3 에너지 보존법칙 : 운동에너지=위치에너지 $\dfrac{1}{2}mv^2=mgh$ (m : 질량, v : 유속, g : 중력가속도, h : 높이)

$\therefore \dfrac{1}{2}\dfrac{v^2}{g}=h \Rightarrow \dfrac{1}{2}\times\dfrac{(7\mathrm{m/s})^2}{9.8\mathrm{m/s}^2}=2.5\mathrm{m}$

4 반응속도상수 식은 다음과 같다. $k_A(T)=Ae^{-E/RT}$ (A : 빈도인자, E : 활성화에너지, R : 기체상수)

또한 $\ln k_A=\ln A-\dfrac{E}{R}\left(\dfrac{1}{T}\right)$로 표기가 가능하다.

$\therefore \ln k_1=\ln A-\dfrac{E}{R}\left(\dfrac{1}{T_1}\right)$, $\ln k_2=\ln A-\dfrac{E}{R}\left(\dfrac{1}{T_2}\right)$인 경우, 반응속도상수와 온도와의 관계를 나타내면

$\ln k_2-\ln k_1=\ln\dfrac{k_2}{k_1}=-\dfrac{E}{R}\left(\dfrac{1}{T_2}-\dfrac{1}{T_1}\right)=\dfrac{E}{R}\left(\dfrac{1}{T_1}-\dfrac{1}{T_2}\right)$의 관계가 성립한다.

정답 및 해설 1.① 2.④ 3.② 4.①

5 분자량이 41g · mol⁻¹인 기체 10kg이 300K의 온도에서 부피 1m³의 탱크에 들어있다고 할 때, 기체 탱크에 설치된 압력계가 나타내는 압력[atm]은? (단, 탱크가 설치된 곳의 대기압은 1atm 이며, 기체는 이상기체로 가정한다)

① 4   ② 5

③ 6   ④ 7

6 다음 그림과 같이 지름이 10in.인 실린더 관 내에서 비압축성 액체가 흐르고 있다. 지름 2in. 인 작은 jet관이 고속의 액체를 배출하기 위해 관 중앙에 설치되어 있다. A지점에서의 두 평균 속도(V_A와 V_J)를 사용하여 멀리 떨어진 B지점에서의 액체 평균 속도(V_B)를 나타낸 식은?

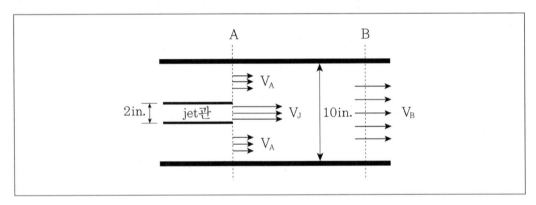

① $V_B = 0.2\,V_J + 0.8\,V_A$

② $V_B = 0.02\,V_J + 0.98\,V_A$

③ $V_B = 0.04\,V_J + 0.64\,V_A$

④ $V_B = 0.04\,V_J + 0.96\,V_A$

7 다음과 같은 성질을 가진 오일 A와 오일 B를 각각 10kg · min⁻¹, 20kg · min⁻¹의 유량으로 혼합하여 펌프오일을 생산한다. 제조공정에 열의 유출입이 없고, 정상상태가 유지될 때 생산 제품인 펌프오일 흐름의 온도[℃]는? (단, 생산 제품인 펌프오일의 열용량은 2.9kJ · kg⁻¹ · K⁻¹이며, 모든 흐름에서의 기준온도는 25℃로 한다)

	열용량(kJ · kg^{-1} · K^{-1})	온도(℃)
오일 A	2	100
오일 B	4	115

① 120

② 125

③ 115

④ 130

---

5 이상기체 상태방정식 $PV = nRT$ 를 이용한다. (P : 압력, V : 부피, n : 몰수, R : 기체상수, T : 온도)

- 몰수 : 질량/분자량 ⇒ $10\text{kg}/41\text{g} \cdot \text{mol}^{-1} \fallingdotseq 244\text{mol}$
- 부피 : $1\text{m}^3 = 1000l$

$$\therefore P = \frac{nRT}{V} = \frac{244\text{mol} \times 0.082\text{atm} \cdot \text{l/mol·K} \times 300\text{K}}{1,000l} \fallingdotseq 6.00\text{atm}$$

∴ 절대압력 = 대기압 + 게이지압 ⇒ 6atm(절대압력) − 1atm(대기압) = 5atm(게이지압)

6 질량보존법칙 $m_J + m_A = m_B$를 이용한다. (밀도는 동일하다고 가정한다.)

- $m_J = \rho V_J A_J = \frac{\pi}{4} D^2 \rho V_J = \frac{\pi}{4} 2^2 \rho V_J$

- $m_A = \rho V_A A_A = \frac{\pi}{4} D^2 \rho V_A = \frac{\pi}{4} (10^2 - 2^2) \rho V_A$

- $m_B = \rho V_B A_B = \frac{\pi}{4} D^2 \rho V_B = \frac{\pi}{4} 10^2 \rho V_B$

$\therefore m_J + m_A = m_B \Rightarrow \frac{\pi}{4} 2^2 \rho V_J + \frac{\pi}{4} (10^2 - 2^2) \rho V_A = \frac{\pi}{4} 10^2 \rho V_B \Rightarrow 4 V_J + 96 V_A = 100 V_B$

$\Rightarrow 0.04 V_J + 0.96 V_A = V_B$

7 에너지 보존법칙 $E_A + E_B = E_C$를 이용한다.

- $E_A = m_A C_p \Delta T (10\text{kg/min} \times 2\text{kJ/kg} \cdot \text{K} \times (373\text{K} - 298\text{K})) = 1,500\text{kJ}$
- $E_B = m_B C_p \Delta T (20\text{kg/min} \times 4\text{kJ/kg} \cdot \text{K} \times (388\text{K} - 298\text{K})) = 7,200\text{kJ}$
- $m_A + m_B = m_C \Rightarrow 10\text{kg/min} + 20\text{kg/min} = 30\text{kg/min}$

$\therefore E_C = E_A + E_B = 8,700\text{kJ} = m_C C_p \Delta T = (30\text{kg/min} \times 2.9\text{kJ/kg} \cdot \text{K} \times (x - 298\text{K}))$

$\Rightarrow (x - 298\text{K}) = 100\text{K} \Rightarrow x = 398\text{K} = 125℃$

정답 및 해설 5.② 6.④ 7.②

8 체를 이용한 입도분포 분석에 대한 설명이다. 옳지 않은 것은?

① 측정한 입자경(d_p)의 분포는 개수 또는 질량을 기준으로 해서 나타낸다.

② 빈도분포란 입자경이 d_p와 $d_p + \Delta d_p$ 사이의 입자 개수를 전체 입자 개수로 나눈 개수비율의 분포함수이다.

③ 적산 잔류율분포는 입자경이 d_p 이하의 입자 개수에 대한 분포이다.

④ 적산 통과율분포는 1에서 적산 잔류율분포를 뺀 값이다.

9 건물 벽을 통한 열 손실을 방지하기 위하여 10cm 두께의 건물 외벽에 10cm 두께의 단열벽돌을 붙였다면 벽면 1m²당 열 손실[W]은? (단, 실내 온도는 25℃, 외부 온도는 −5℃이며, 건물 외벽과 단열벽돌의 열전도도(k)는 각각 1.0W · m⁻¹ · K⁻¹, 0.5W · m⁻¹ · K⁻¹이다)

① 100 　　　　　　　　　　　② 50

③ 25 　　　　　　　　　　　④ 10

10 비압축성 뉴턴 유체(Newtonian fluid)가 정상상태를 유지하며 원통형 관을 통하여 층류(laminar flow)를 형성하고 있다. 이에 대한 설명으로 옳지 않은 것은?

① 최대속도는 관의 중심에서 나타난다.

② 평균유체속도는 최대속도의 50%이다.

③ 질량유량(mass rate of flow)은 관의 단면적, 평균유속, 밀도의 곱으로 표현할 수 있으며, 이렇게 표현되는 식을 Hagen-Poiseuille 식이라고 부른다.

④ 관의 반지름에 따른 유속 분포는 관 중심에 끝점이 있는 직선이 된다.

8 ① 측정한 입자경(d_p)의 분포는 체에 남아있는 개수 혹은 질량을 통해서 나타낸다.

② 빈도분포란 입자경이 d_p 및 $d_p+\Delta d_p$의 총 개수에서 전체 입자개수로 나누었을 때 해당되는 값을 그래프로 나타낸 분포함수이다.

③ 적산 잔류율분포란 어느 입자경 d_p보다도 큰 입자군의 전체 입자에 대한 질량백분율로 나타낸 것이다.

④ 적산 통과율분포란 어느 입자경 d_p보다도 작은 입자군의 전체 입자에 대한 질량백분율로 나타낸 것이다. 따라서 1-적산 잔유율분포를 통해 구할 수 있다.

9 퓨리의 법칙 $q=-k\dfrac{\Delta T_{2-1}}{\Delta x}=k\dfrac{\Delta T_{1-2}}{\Delta x}$ 식을 이용한다. (k : 열전도도, Δx : 두께, ΔT_{1-2} : 초기-나중 온도변화)

위의 식을 온도에 대해서 정리하면 $\Delta T_{1-2}=q\dfrac{\Delta x}{k}$ 가 된다.

- $\Delta T = \Delta T_1 + \Delta T_2$ (ΔT_1 : 단열벽돌에서의 온도변화량 ΔT_2 : 외벽에서의 온도변화량)

- $\Delta T_1 = q\dfrac{\Delta x_1}{k_1}$, $\Delta T_2 = q\dfrac{\Delta x_2}{k_2}$

$\therefore \ \Delta T = \Delta T_1 + \Delta T_2 \Rightarrow \Delta T = q\dfrac{\Delta x_1}{k_1} + q\dfrac{\Delta x_2}{k_2} \Rightarrow \Delta T = q(\dfrac{\Delta x_1}{k_1} + \dfrac{\Delta x_2}{k_2})$ (단 정상상태라 가정)

$\therefore \quad q = \dfrac{\Delta T}{(\dfrac{\Delta x_1}{k_1} + \dfrac{\Delta x_2}{k_2})} \Rightarrow q = \dfrac{(298\text{K} - 268\text{K})}{(\dfrac{0.1\text{m}}{0.5\text{W/m} \cdot \text{K}} + \dfrac{0.1\text{m}}{1.0\text{W/m} \cdot \text{K}})} = 100\text{W}$

10 ① 비압축성 뉴턴유체는 관의 벽과 가까이 있을 경우 마찰손실에 의해 유속이 줄어든다. 따라서 관의 벽과 가장 먼 지점인 관의 중심에서 최대 속도가 된다.

② 층류이면서 비압축성 뉴턴유체는 원통형 관속에서 포물선의 속도분포를 가지지만, 수두손실은 속도에 직선적으로 비례하여 감소하기 때문에 평균 유속은 이에 최대속도의 1/2배가 된다.

③ 질량유량의 차원은 (질량/시간)이다. 관의 단면적×평균유속×밀도의 곱으로 나타내어 차원을 재구성하면 (길이² × 길이/시간 × 질량/길이³ = 질량/시간), 질량유량과 동일한 차원으로 구성된다. 또한 이렇게 표현되는 식을 Hagen-Poiseuille 식이라고 부른다.

④ 층류이면서 비압축성 뉴턴유체는, 전단응력이 관의 중심으로부터 직선형태로 감소하는 경향을 보이며, 관의 중심에서는 속도가 최대, 관의 벽쪽에서는 속도가 0이다. 또한 속도는 포물선의 분포를 띄는 특징을 보인다.

정답 및 해설 8.③ 9.① 10.④

11
회분식 반응기에서 A로부터 B가 형성되는 반응의 속도식이 $r_A = -\dfrac{dC_A}{dt} = kC_A^2$ 이다. A의 초기 농도를 $2\,mol \cdot L^{-1}$로 하여 반응을 개시하였을 때 100초 후 A의 농도(C_A)[$mol \cdot L^{-1}$]는? (단, $k = 0.01\,L \cdot mol^{-1} \cdot s^{-1}$이며, 얻어진 C_A의 값은 소수점 셋째 자리에서 반올림한다)

① 0.85

② 0.67

③ 0.34

④ 0.17

12 열의 이동기구 중 하나인 전도는 분자의 진동에너지가 인접한 분자에 전해지는 것이다. 벽면을 통해 열이 전도된다고 가정할 때, 열전달속도를 빠르게 하는 방법이 아닌 것은?

① 벽면의 면적을 증가시킨다.

② 벽면 양끝의 온도 차이를 작게 한다.

③ 열전도도가 큰 벽면을 사용한다.

④ 벽면의 두께를 감소시킨다.

13 20℃에서 밀도가 $5\,g \cdot cm^{-3}$, 표면장력이 $4\,N \cdot m^{-1}$인 액체에 지름이 4mm인 유리관을 그림과 같이 수직으로 세웠을 때 접촉각이 60°였다. 액위의 변화[cm]는? (단, 중력가속도 $= 10\,m \cdot s^{-2}$으로 계산한다)

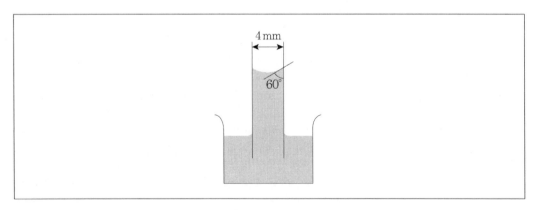

① 3

② 2

③ 10

④ 4

14 12,000kg · h^{-1}의 일정한 유량으로 물이 빠져나가고 있는 탱크에 유량이 10,000kg · h^{-1}인 펌프 A와 유량을 모르는 펌프 B로 3시간 동안 물을 공급하였더니 탱크 내 물의 양이 6,000kg 증가하였다. 펌프 B가 공급한 물의 유량[kg · h^{-1}]은?

① 2,000

② 3,000

③ 4,000

④ 5,000

---

11 회분식 반응기 설계식 $\dfrac{dN_A}{dt} = r_A V$식을 이용한다.

- 설계식 변환 : $C_A = \dfrac{N_A}{V}$, $r_A = -kC_A^2$를 대입하면 설계식은 $\dfrac{dC_A}{dt} = -kC_A^2$ 처럼 표현된다.

- 양변적분 : $\dfrac{dC_A}{dt} = -kC_A^2 \Rightarrow -\dfrac{1}{kC_A^2}dC_A = dt \Rightarrow -\int_{C_{A0}}^{C_A}\dfrac{1}{kC_A^2}dC_A = \int_0^t dt \Rightarrow \dfrac{1}{k}\left[\dfrac{1}{C_A} - \dfrac{1}{C_{A0}}\right] = t$

$\therefore \dfrac{1}{k}\left[\dfrac{1}{C_A} - \dfrac{1}{C_{A0}}\right] = t \Rightarrow \dfrac{1}{0.01\text{L/mol} \cdot \text{s}}\left[\dfrac{1}{C_A} - \dfrac{1}{2\text{mol/L}}\right] = 100\text{s} \Rightarrow \dfrac{1}{C_A} = 1 + \dfrac{1}{2} = 1.5$

$\Rightarrow C_A = \dfrac{1}{1.5}\text{mol/L} = 0.67\text{mol/L}$

12 ① 열전달속도는 $\dot{Q} = A \times k \times \dfrac{\Delta T}{\Delta x}$의 식으로 표현된다. 따라서 면적 A를 증가시키면 열전달 속도가 증가된다.

② 벽면 양끝의 온도 차이를 작게 하면 열전달속도 식을 통해서 알 수 있듯이 속도는 감소한다.

③ 열전도도가 큰 벽면을 사용하면 k값이 커지므로 열전달속도는 증가된다.

④ 벽면의 두께를 감소시키면 Δx값이 작아지므로 열전달속도는 증가된다.

13 Cappillary tube에서의 액위 변화는 다음과 같은 식을 이용한다. $h = \dfrac{2\sigma}{\rho r g} = \dfrac{2\sigma(cos\theta)}{\rho a g}$

(σ : 표면장력, ρ : 밀도, a : 유리관의 반지름)

$\therefore h = \dfrac{2\sigma(cos\theta)}{\rho a g} = \dfrac{2 \times 4\text{N/m} \times (1/2)}{5,000\text{kg/m}^3 \times 0.002\text{m} \times 10\text{m/s}} = 0.04\text{m} = 4\text{cm}$

14 질량보존법칙을 이용한다. 유출 유량이 12,000kg/h인 탱크에서 A펌프 10,000kg/h와 B펌프 $x$kg/h이 유입되었을 때, 3시간 뒤 6,000kg 증가 되었다면, 1시간당 2,000kg씩 증가한 것이다.

$\therefore 10,000\text{kg} + x\text{kg} - 12,000\text{kg} = 2,000\text{kg} \Rightarrow x = 4,000\text{kg}$

정답 및 해설 11.② 12.② 13.④ 14.③

15 점도가 μ인 유체에서 밀도 ρ_p, 직경 d인 구형의 입자가 침강할 때 최종 침강속도는? (단, 부력은 무시할 만한 수준이고 레이놀즈 수는 1보다 작으며 중력가속도는 g이다)

① $\dfrac{\rho_p d^2 g}{3\mu}$ ② $\dfrac{\rho_p d^2 g}{6\mu}$

③ $\dfrac{\rho_p d^2 g}{9\mu}$ ④ $\dfrac{\rho_p d^2 g}{18\mu}$

16 그림과 같이 경사면을 따라 비압축성 뉴턴 유체(Newtonian fluid)가 일정한 두께 h의 층류(laminar flow)를 형성하고 있다. 이 흐름에 대한 설명으로 옳지 않은 것은? (단, 경사면과 액체가 만나는 지점인 $x = h$에서 유체속도는 0이다)

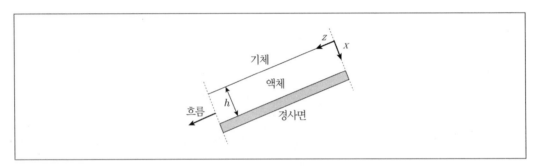

① 기체와 만나는 경계지점($x = 0$)에서 유체속도가 최대이다.
② 경사면과 액체가 만나는 지점($x = h$)에서 전단응력이 최대이다.
③ 기체와 만나는 경계지점($x = 0$)에서 속도 구배(전단율)가 최대이다.
④ z방향 유체의 속도 분포는 x축 거리좌표에 대해 2차 함수 형태이다.

17 열교환기에서 유체의 흐름에 대한 설명으로 옳지 않은 것은?

① 유체가 흘러가는 방향은 열교환기의 성능에 영향을 준다.
② 병류(cocurrent flow) 열교환기는 열교환기 입구에서 두 유체의 온도차이가 가장 작다.
③ 향류(countercurrent flow) 열교환기에서는 저온 유체의 출구 온도가 고온 유체의 출구 온도보다 더 높을 수도 있다.
④ 향류 열교환기는 두 유체 사이의 온도 차이가 병류 교환기처럼 급격히 변하지 않는다.

15 입자가 침강할 때 받는 힘은 다음과 같다. 중력 = 부력 + 저항력

- 입자에 작용하는 중력은 $F_g = mg = \rho_p Vg = \rho_p \dfrac{\pi d^3}{6} g$

- 입자에 작용하는 부력은 $F_B = mg = \rho_s Vg = \rho_s \dfrac{\pi d^3}{6} g$

- 입자에 작용하는 저항력은 $F_D = 3\pi\mu dv$

- 부력은 무시할만한 수준이며, 중력과 저항력이 동등하여 등속 침강한다고 가정하면 침강속도는 다음과 같다.

$$\therefore \text{중력=저항력} \Rightarrow F_g = F_D \Rightarrow \rho_p \frac{\pi D^3}{6} g = 3\pi\mu Dv \Rightarrow \frac{\rho_p d^2 g}{18\mu} = v$$

16 ① 원통형 관이 아닌 상부에 기체가 있는 흐름이므로 기체와 만나는 지점에서는 전단응력이 최소이다. 따라서 유체속도는 최대가 된다.
② 경사면과 액체가 만나는 경계지점에서 전단응력이 최대이므로 유체속도는 0이다.
③ 벽 쪽에서의 전단응력이 최대이므로 속도가 0이다. 따라서 벽 근처에서의 속도구배가 최대이며, 벽 쪽과 멀어질수록 속도구배는 점점 감소한다.
④ 비압축성 뉴턴 유체이면서, 층류를 형성하며 흐르게 되면 속도분포는 포물선 형태이다. 수식으로 표현하면 2차함수의 형태를 가진다.

17 ① 유체의 흐름이 향류 혹은 병류에 따라 열교환기의 성능에 영향을 줄 수 있다.
② 병류 열교환기는 아래의 그림과 같이 열교환기 입구에서 두 유체의 온도차이가 가장 크다
③ 향류 열교환기에서 아래의 그림과 같이 저온 유체의 출구 온도가 고온 유체의 출구 온도보다 더 높을 수도 있다.
④ 아래의 그림을 참고하면 병류보다 향류 열교환기의 온도변화가 더 완만하게 변하는 것을 볼 수 있다.

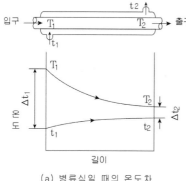

(a) 병류식일 때의 온도차

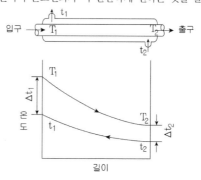

(b) 향류식일 때의 온도차

정답 및 해설 15.④ 16.③ 17.②

18 다음 막분리(membrane separation) 공정 중 추진력(driving force)이 압력차가 아닌 공정으로만 묶은 것은?

> ㉠ 나노여과(nanofiltration)
> ㉡ 정밀여과(microfiltration)
> ㉢ 투석(dialysis)
> ㉣ 역삼투(reverse osmosis)
> ㉤ 정삼투(forward osmosis)

① ㉠, ㉡
② ㉢, ㉣
③ ㉢, ㉤
④ ㉣, ㉤

19 유체에 대한 설명으로 옳은 것은?

① 전단응력이 속도구배에 비례하는 유체를 뉴턴 유체(Newtonian fluid)라고 하며, 비례상수의 단위를 $g \cdot cm^{-1} \cdot s^{-1}$로 표기하기도 한다.
② 일정한 전단 응력 이하에서만 유체의 흐름이 일어나며, 전단응력은 속도구배에 비례하는 유체를 빙햄 유체(Bingham fluid)라고 한다.
③ 속도구배가 증가함에 따라 점도가 증가하는 유체를 유사가소성 유체(pseudoplastic fluid)라고 한다.
④ 점탄성 유체(viscoelastic fluid)는 응력이 존재하면 변형하면서 흐르다가 응력이 사라지면 완전히 원래의 형태로 돌아간다.

20 흡수조작에서 편류(channeling) 현상을 방지하기 위한 수단에 해당하지 않는 것은?

① 불규칙하게 충전하기 위하여 주로 충전물을 쏟아 넣는 방식으로 충전한다.
② 탑 지름과 충전물 지름의 비를 최소 8 : 1로 한다.
③ 충전부의 적당한 위치에 액체용 재분배장치를 설치한다.
④ 충전탑의 높이를 증가시킨다.

18 ㉠ 나노여과(NF)란 압력에 의해 구동되는 막을 사용하여 물질을 분리하는 기술이다.

㉡ 정밀여과란 용질의 크기가 0.1~10μm 정도인 용질을 분리하는 막분리 공정으로 삼투압을 극복할 필요가 없는 특징을 지녀 3bar보다 낮은 압력에서 실행될 수 있는 여과이다.

㉢ 투석은 반투과성막을 사이에 두고 한쪽에는 고농도의 물질을, 다른 한쪽에는 깨끗한 용매를 흘려보내 물질의 농도차이에 의한 확산의 방법으로 여과하는 것이다.

㉣ 역삼투는 삼투압보다 높은 압력을 가할 때, 용액으로부터 순수한 용매가 반투막을 통해 빠져 나오는 것이다.

㉤ 삼투는 서로 다른 농도를 가진 두 용액 사이를 용매는 통과시키나 용질을 통과시키지 않는 반투과성 막으로 막아놓았을 때, 농도가 낮은 쪽에서 높은 쪽으로 용매가 이동하는 것이다.

19 ① τ(전단응력) $= \mu \dfrac{du}{dy}$ 이며 식을 통해서 확인할 수 있듯이 속도구배에 비례하며, 이러한 유체를 뉴턴 유체라고 한다. 또한 이에 대한 비례상수 μ는 점도로써 단위는 g/cm · s이다.

② 빙햄 유체는 일정한 전단 응력 이상에서만 유체의 흐름이 일어나며, 전단응력은 속도구배에 비례한다.

③ 속도구배가 증가함에 따라 점도가 증가하는 유체를 팽창성 유체(dilatant fluid)라 한다.

④ 점탄성 유체는 응력이 존재하면 탄성의 특성을 보이며 응력이 사라지면 점성인 유체의 특성을 보인다.

20 편류현상은 흡수내의 기류의 흐름이 한쪽으로 치우쳐 흐르는 현상을 말한다. 따라서 이를 방지하기 위해서 다음과 같은 방법이 이용된다.

① 충전재의 높이를 균일하게 하며, 탑의 수평을 정확하게 잡는다.

② 충전재의 크기를 탑 직경의 1/8 이하로 하고, 충전밀도를 균일하게 한다.

③ 정류판을 설치하거나 탑의 높이 3~5m 간격으로 재분배기를 설치한다.

④ 충전층 높이는 4.5m이하로 제한한다.

정답 및 해설 18.③ 19.① 20.④

1 경로(path)에 무관한 것으로만 묶은 것은?

① 깁스 에너지, 내부 에너지, 엔트로피

② 엔트로피, 일, 엔탈피

③ 열량, 깁스 에너지, 엔탈피

④ 엔탈피, 내부 에너지, 열량

2 고체상에서 액체상으로 물질전달이 이루어지는 단위 공정은?

① 증류　　　　　　　　　　② 흡착

③ 흡수　　　　　　　　　　④ 침출

3 단면이 원형인 매끈한 도관 내부로 뉴턴 유체(Newtonian fluid)가 흐를 때 레이놀즈 수 (Reynolds number, Re)에 대한 설명으로 옳지 않은 것은?

① $Re = \dfrac{(원형\ 도관의\ 지름) \times (유체의\ 점도) \times (유체의\ 평균\ 유속)}{(유체의\ 밀도)}$ 으로 정의된다.

② 도관 입구에서의 교란을 완전히 제거하면 Re가 2,100 이상일 때도 층류가 유지될 수 있다.

③ 도관에서의 Re가 2,100보다 작으면 유체의 흐름은 언제나 층류이다.

④ 도관에서의 Re가 4,000을 초과하면 유체의 흐름은 난류이다.

4 에너지 단위가 아닌 것은?

① Pa · L

② N · m

③ kg · m/s^2

④ atm · m^3

---

1 경로에 무관한 것의 의미는 상태함수이다. 상태함수에 포함되는 것은 깁스에너지, 내부에너지, 엔탈피, 엔트로피이다. 따라서 이를 충족하는 것은 ①번이다. (열량, 일의 경우는 경로함수)

2 ① 증류는 상대휘발도의 차이를 이용하여 액체 상태의 혼합물을 분리하는 방법
② 흡착은 물체의 계면에서 농도가 주위보다 증가하는 현상이다
③ 흡수는 용매 등을 이용하여, 혼합물의 특정 성분을 분리해 내는 것이다.
④ 침출은 고체가 액체 속에서 그 성분을 용출(溶出)하는 것

3 레이놀즈수 : $N_{Re} = \rho u D / \mu$는 {(밀도)×(평균유속)×도관의 직경)}/(점도) 이다.
일반적으로 레이놀즈 수가 2,100이하는 층류이고 4,000이상은 난류이다.

4 ① Pa · L = kg · m/s^{2}m^2 × m^3 = kg · m^2/s^2 = J
② N · m = kg · m/s^2 × m = kg · m^2/s^2 = J
③ kg · m/s^2 = N ≠ J
④ atm · m^3 = kg · m/s^{2}m^2 × m^3 = kg · m^2/s^2 = J

정답 및 해설 1.① 2.④ 3.① 4.③

5 단면적이 A로 동일한 두 개의 층으로 구성된 단열 벽체의 열전달에 대한 총괄 열전달저항은 2K/W이다. 첫 번째 층의 두께는 0.25m이고 열전도도는 2.5W/m·K이며, 두 번째 층의 두께는 0.2m이고 열전도도가 0.2W/m·K일 때 벽체의 단면적(A)[m²]은?

① 0.20

② 0.55

③ 1.00

④ 1.75

6 물에 용해되는 성분을 포함하는 반경 R인 구형 입자가 있다. 구형 입자 표면에서 용해 성분(A)의 농도와 입자의 크기는 변하지 않는다고 가정할 때, 구형 입자 주변의 물에서 용해 성분의 농도(C_A)는 다음과 같다.

$$C_A(r) = C_{A,R} \frac{R}{r}$$

여기에서, r은 반경 방향 좌표이고, $C_{A,R}$은 입자 표면에서의 농도를 나타낸다. 확산에 의해서만 물질전달이 일어날 때, 입자 표면에서 용해 성분의 몰 플럭스(N_A)는? (단, 물에 대한 용해 성분의 확산도는 D_A이다)

① $\dfrac{C_{A,R}\,D_A}{R}$

② $\dfrac{C_{A,R}\,D_A}{2R}$

③ $\dfrac{C_{A,R}\,D_A}{R^2}$

④ $\dfrac{C_{A,R}\,D_A}{2R^2}$

7 혼합물 내의 확산에 대한 설명으로 옳지 않은 것은?

① 확산의 가장 주된 원인은 농도 구배(gradient)이다.

② 몰 플럭스(molar flux)는 단위 면적당 단위 시간당 몰수로 표시한다.

③ 일반적으로 기체의 확산도(diffusivity)가 액체의 확산도보다 크다.

④ mol/s는 확산도의 단위이다.

---

5 총괄 열전달저항 = (면적당 각 벽에 전달되는 열의 저항) ÷ (면적)

$\therefore (\frac{L_1}{k_1} + \frac{L_2}{k_2})/A =$ 총괄 열전달저항, (k는 열전도도, L은 두께)

$\therefore (\frac{0.25\text{m}}{2.5\text{W/m} \cdot \text{K}} + \frac{0.2\text{m}}{0.2\text{W/m} \cdot \text{K}})/A = (1.1\text{m}^2 \cdot \text{K/W})/A = 2\text{K/W} \Rightarrow \text{A} = 0.55\text{m}^2$

6 Boundary Conditions

• $r = R$일 때, $C_A(r) = C_{A,R}R/r$의 식에 대입하면 $C_A = C_R$

• $r = \infty$일 때, $C_A(r) = C_{A,R}R/r$의 식에 대입하면 $C_A = 0$ ($r = \infty$인 경우는 입자 표면에서 먼 거리이다)

$\therefore N_A = -D_A \frac{dC_A}{dr} \Rightarrow N_A = -D_A(\frac{C_A}{r}|_{r=\infty} - \frac{C_A}{R}|_{r=R}) = \frac{C_{A \cdot R}D_A}{R}$

7 확산의 driving force는 농도 구배이다. 즉 농도 기울기가 클수록 확산이 잘 일어난다. 또한 확산의 단위는 플럭스(flux)를 사용하는데 이는 단위 면적당, 단위시간당, 몰수를 의미하는 것이다. 일반적으로 확산은 운동에너지가 더 활발한 기체가 액체보다 더 빠르게 일어난다. 확산도의 단위는 m^2/s이다.

정답 및 해설 5.② 6.① 7.④

8 그림은 1atm에서 벤젠(benzene)−톨루엔(toluene) 혼합물의 끓는점 선도(boiling point diagram) 이다. 벤젠과 톨루엔의 몰비(벤젠 : 톨루엔)가 80 : 20인 액체 혼합물의 기포점(bubble point) 에서 평형증기의 몰비(벤젠 : 톨루엔)는?

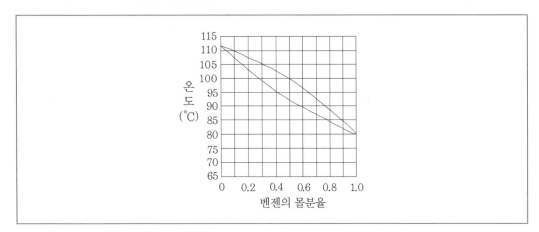

① 80 : 20

② 85 : 15

③ 90 : 10

④ 95 : 5

9 중력이 작용하는 유체 내에서 구형 입자가 침강한다. Stokes의 법칙이 적용된다고 할 때 이에 대한 설명으로 옳지 않은 것은? (단, C_D는 항력 계수, u_t는 종말 속도, D_p는 입자의 지름, ρ_p는 입자의 밀도, ρ_f는 유체의 밀도, μ는 유체의 점도, g는 중력 가속도, Re_p는 침강하는 구형 입자에 대한 레이놀즈 수이다)

① 항력 계수는 $C_D = 24/Re_p$의 관계를 갖는다.

② Stokes의 법칙은 Re_p가 1보다 매우 큰 경우에 적용된다.

③ 종말 속도는 $u_t = \dfrac{gD_p^2(\rho_p - \rho_f)}{18\mu}$ 이다.

④ 일반적으로 유체 내에서 중력 침강하는 입자에는 부력, 항력, 중력이 작용한다.

10 단면이 원형인 도관 내를 유체가 난류로 흐르고 있다. 도관 벽과 유체 사이의 Fanning 마찰계수와 유체의 평균 유속을 각각 2배로 증가시켰을 때, 마찰로 인한 압력 강하(pressure drop)는 Fanning 마찰계수와 유체의 평균 유속을 변경하기 전 압력 강하의 몇 배가 되는가? (단, 유체의 밀도, 관의 길이 및 직경은 일정하다)

① 2

② 4

③ 6

④ 8

---

8 액상에서 벤젠과 톨루엔의 몰비가 $80:20$이다. 혼합물의 끓는점 선도를 참고하면 그래프의 아래쪽 부분이 기체상태를 의미하고, 위쪽 부분이 액상상태를 의미한다.

∴ x축의 벤젠의 몰분율 0.8을 따라 올라가면 $85℃$ 지점에서 만나는 지점이 있고, 이후 오른쪽 수평방향으로 지나가면 x축이 0.9에 도달할 것이다. 따라서 이 지점이 기상의 평형증기의 몰분율이고 벤젠과 톨루엔의 몰비는 90:10 이다.

9 ① Stokes법칙은 Re_p가 1보다 작은 경우에 적용된다. 따라서 이 경우의 항력 계수는 $C_D = 24/Re_p$의 관계를 갖는다.

② Stokes의 법칙은 Re_p가 1보다 작은 경우에 적용된다.

③ Re_p가 1보다 작은 경우 종말속도는 $u_t = gD_p^2(\rho_p - \rho_f)/18\mu$로 표현된다.

④ 일반적으로 유체 내에서 침강하는 입자에 작용하는 힘은 침강하는 driving force인 중력, 그리고 이에 저항하는 부력, 항력이 있다.

10 마찰계수 및 유체의 평균 유속과 압력강하의 관계 $\triangle P = (\frac{4fL}{D})(\frac{\rho V^2}{2g_c})$ (원형 배관인 경우)

∴ 마찰계수(f)와 평균유속(V)를 두 배씩 증가시킨다면, $2 \times 2^2 = 8$배가 된다.

(참고 : 직선 원형 배관에서 난류인 경우 마찰계수는 $\frac{1}{\sqrt{f}} = -4\log[\frac{\epsilon}{3.7d} + \frac{1.255}{Re\sqrt{f}}]$ 식으로 구할 수 있다.)

정답 및 해설 8.③ 9.② 10.④

11 압력 강하가 커서 동력 소비(power consumption)가 가장 큰 유량계는?

① 벤튜리 유량계(venturi meter)

② 오리피스 유량계(orifice meter)

③ 피토관(pitot tube)

④ 로터 유량계(rotameter)

12 5wt% 수산화나트륨 수용액을 25wt% 수산화나트륨 수용액으로 증발 농축하고자 한다. 원료 100kg에서 증발되는 수분의 양[kg]은?

① 20

② 40

③ 60

④ 80

13 그림은 일정한 온도와 압력에서 어떤 뉴턴 유체에 대한 전단응력과 속도 구배의 관계를 나타 낸다. 이 유체의 점도[cP]는?

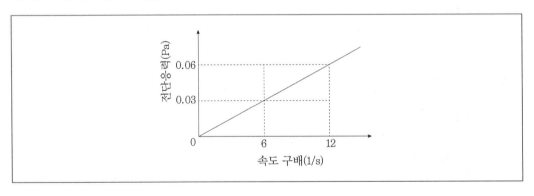

① 0.2

② 0.5

③ 2

④ 5

14 왕복 펌프(reciprocating pump)에 해당하지 않는 것은?

① 피스톤 펌프(piston pump)

② 원심 펌프(centrifugal pump)

③ 격막 펌프(diaphragm pump)

④ 플런저 펌프(plunger pump)

---

11 ① 벤튜리 유량계 : 긴 관의 일부로써 단면이 작은 목 부분과 점점 축소, 점점 확대되는 단면을 가진 관으로 축소부분에서 정력학적 수두의 일부는 속도수도로 변하게 되어 관의 목 부분의 정력학적 수두보다 적게 된다. 이러한 수두의 차에 의해 압력을 계산한다.

② 오리피스 유량계 : 오리피스의 원리는 벤튜리 유량계와 비슷하다. 오리비스의 장점은 단면이 축소되는 목 부분을 조절하므로써 유량을 조절된다는 점이며, 단점은 오리피스 단면에서 커다란 수두 손실이 일어난다는 점이다.

③ 피토관 : 피토관의 유속은 마노미터에 나타나는 수두차에 의하여 계산한다. 왼쪽의 관은 정수압을 측정하고 오른쪽관은 유속이 0인 상태인 정체압력을 측정한다. 이를 이용하여 압력차를 구한다.

④ 로터 유량계 : 속이 빈 관과 위아래로 움직임이 가능한 플로트로 이루어져 있는 유량계로 관 안에 위아래 움직이는 플로트는 기체 및 액체의 유량에 따라 높낮이가 달라지고, 이 높낮이는 유속 및 유량에 비례하기 때문에 유량을 확인할 수 있다.

12 5wt%, 100kg의 수산화나트륨 수용액의 용매와 용질 ⇒ 용매=95kg, 용질=5kg

증발 후의 용매의 양 : $5/(x+5) = 0.25 \Rightarrow x = 15kg$

∴ 증발된 수분의 양 = 초기수분의 양 – 증발 후 수분의 양 ⇒ 95−15=80kg

13 전단응력, 점도, 속도구배의 관련된 식 : $\tau = \mu \dfrac{du}{dy}$

∴ 속도구배가 6/s일 때 전단응력이 0.03(Pa)이므로 점도(μ)=0.005P=5cP

14 ① 피스톤 펌프 : 액체는 피스톤의 운동에 의해서 옮겨지는데 이때 액체의 흐름은 실린더 밸브에 의해 조절되며 이를 통해 왕복운동을 한다.

② 원심 펌프 : 임펠러를 회전시켜 액체의 회전력을 주어 원심력 작용으로 유체를 이송하는 펌프이다.

③ 격막 펌프 : 탄성중합체로 된 다이아프램은 비선형 캠축의 회전에 따라 전후 왕복운동을 하게 되어 펌프는 유체를 이송한다.

④ 플런저 펌프 : 플런저의 왕복운동으로 실린더 내부에 용적 변화를 일으켜 송액한다.

정답 및 해설 11.② 12.④ 13.④ 14.②

15 수면이 지면보다 30m 낮게 유지되는 우물물을 2m³/s의 유량으로 지면보다 10m 높은 곳으로 퍼올린다. 이때 유체의 수송에 필요한 펌프의 동력[kW]은? (단, 모든 마찰은 무시하고, 중력 가속도＝10m/s², 밀도＝1g/cm³, 펌프 효율＝80%이다)

① 720

② 800

③ 1,000

④ 1,200

16 증류탑에서 환류비(reflux ratio)에 대한 설명으로 옳지 않은 것은?

① 최소 환류비(minimum reflux ratio)에서는 재비기(reboiler)에 필요한 열 에너지가 최소이다.

② 전체 환류비(total reflux ratio)에서는 분리에 필요한 단수가 최소이다.

③ 증류탑의 효율은 최소 환류비(minimum reflux ratio)에서 측정된다.

④ 증류탑을 처음 조업(start up)할 때 전체 환류비(total reflux ratio)를 사용한다.

17 그림과 같이 오리피스(orifice)를 통해 단면이 원형인 도관 내로 흐르는 물의 유량을 구하기 위하여 마노미터를 설치하였다. 이 때 $\Delta P = (P_1 - P_2)$와 같은 식은? (단, ρ_f는 마노미터 유체의 밀도, ρ는 물의 밀도, g는 중력 가속도, h는 마노미터 유체의 높이 차이, P_1은 오리피스 통과 전 마노미터 지점에서의 압력, P_2는 오리피스 통과 후 마노미터 지점에서의 압력이며 $\rho_f > \rho$이다)

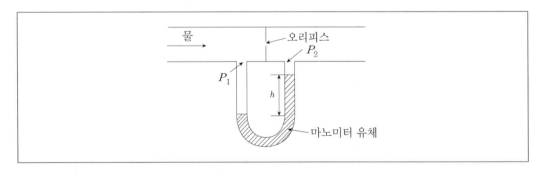

① $(\rho - \rho_f)gh$

② $(\rho_f - \rho)gh$

③ ρgh

④ $\rho_f gh$

18 피스톤 주위의 압력이 0일 때 피스톤이 팽창 운동을 하면서 20kJ의 열을 주위로 방출하였다. 이 때 피스톤 내부 에너지의 변화는?

① 변화 없음

② 20kJ 증가

③ 20kJ 감소

④ 40kJ 증가

---

15 에너지 보존법칙을 활용한다. 우물물의 위치에너지(지면보다 10m위)＝펌프가 한 에너지 $\therefore \dot{m}gh = W$
- 우물물의 위치에너지 : $\dot{m}gh = \rho \dot{V}gh = 1{,}000\text{kg/m}^3 \times 2\text{m}^3/\text{s} \times 10\text{m/s} \times (30\text{m} + 10\text{m}) = 800{,}000\text{W}$
- 실제 펌프의 동력에너지 : 펌프가 한 에너지 ÷ 펌프 효율 ⇒ $800{,}000\text{W} \div 0.8 = 1{,}000{,}000\text{W} = 1{,}000\text{kW}$

16 ① 환류는 재비기나 응축기를 통해서 이루어진다. 따라서 최소 환류비를 갖는다는 것은 재비기에 필요한 열 에너지가 최소로 소비되는 것과 동일한 의미이다.
② 환류비가 최대일 때 기울기는 y=x가 되며, 이 경우가 분리에 필요한 단수가 최소인 상태이다.
③ 증류탑의 효율은 적절한 환류비를 통해 최적화된 단수일 때 측정된다.
④ 증류탑을 처음 조업 할 때 전체 환류비를 통해 최소 필요한 단수를 먼저 구한다.

17 오리피스로부터 발생된 압력강하는 마노미터 유체의 높이차로부터 알 수 있다. 따라서 높이차인 $\rho_f gh$ 일 수 있지만, 왼쪽 유체의 밀도도 고려를 해주어야 하기 때문에 $(\rho_f - \rho)gh$ 이다.

18 $\Delta U = Q + W = Q + \Delta PV$에서 압력 P=0이므로 $\Delta U = Q$이다. 팽창운동을 하면서 20kJ을 방출했으므로 외부에 일을 한 것과 동일하다. 따라서 피스톤 내부 에너지 변화는 20kJ 감소이다.

정답 및 해설 15.③ 16.③ 17.② 18.③

19 물질 확산도(mass diffusivity)에 대한 열 확산도(thermal diffusivity)의 비(ratio)를 나타내는 무차원 수는?

① Le(Lewis number)

② Sc(Schmidt number)

③ Pr(Prandtl number)

④ Re(Reynolds number)

20 암모니아 합성 반응에서 질소 280kg과 수소 80kg으로 암모니아 340kg을 얻었다. 이 때 수소의 전환율(conversion)[%]은? (단, 암모니아의 분자량과 수소의 분자량은 각각 17g/mol과 2g/mol이다)

$$N_2 + 3H_2 \rightarrow 2NH_3$$

① 25

② 50

③ 75

④ 100

19 ① $Le = Sc/Pr = $ (Thermal diffusivity)/(Mass diffusivity)

② $Sc = \nu/D = $ (Viscous diffusion rate)/(Mass diffusion rate)

③ $Pr = \nu/\alpha = $ (Momentum diffusivity)/(Thermal diffusivity)

④ $Re = \rho uD/\mu = $ (Inertial forces)/(Viscous forces)

20 초기 질소 몰수 : $280/14 = 20$kmol, 초기 수소 몰수 : $80/2 = 40$kmol

• 반응 전 : 질소 20kmol, 수소 40kmol, 암모니아 0kmol

• 반응 후 : 질소 20kmol−x, 수소 40kmol−3x, 암모니아 2x

• 반응 후 암모니아 질량 340kg이므로 $2x \times 17$kg/kmol $= 340$kg, $\Rightarrow x = 10$kmol

∴ 최종적으로 수소의 전환율은 30kmol/40kmol$\times 100 = 75\%$

정답 및 해설 **19.**① **20.**③

1 온도차이 ΔT, 열전도도 k, 두께 x, 열전달 면적 A인 평면벽을 통한 1차원 정상상태 열흐름 속도는 Q이다. 벽의 열전도도 k가 4배 증가하고 두께 x가 2배 증가할 때, 열흐름 속도는?

① $\dfrac{Q}{2}$

② Q

③ $2Q$

④ $4Q$

2 회전펌프(rotary pump)에 대한 설명으로 옳지 않은 것은?

① 운전 속도가 한정되어 있다.

② 운동 부분과 고정 부분이 밀착되어 있다.

③ 배출 공간에서 흡입 공간으로 역류가 적다.

④ 피스톤 양쪽에서 교대로 액체를 끌어들인다.

3 상부가 개방되고 바닥에 배출구가 있는 탱크에 물이 높이 h만큼 채워져 유지된다. 탱크의 배출구를 통한 물의 배출 속도는? (단, 모든 마찰 손실은 무시하고, 배출 중 물의 높이 h는 일정하며, g는 중력가속도이다)

① $\sqrt{gh}$

② $\sqrt{2gh}$

③ gh

④ $2gh$

4 2성분계 기체 확산계수(diffusion coefficient)에 대한 설명으로 옳은 것만을 모두 고른 것은? (단, 이상기체이며 반응성이 없다)

> ㉠ 온도가 일정할 때 압력이 높아지면, 확산계수는 커진다.
> ㉡ 분자량이 크면, 확산계수는 작아진다.
> ㉢ 압력이 일정할 때 온도가 높아지면, 확산계수는 커진다.

① ㉠, ㉡

② ㉠, ㉢

③ ㉡, ㉢

④ ㉠, ㉡, ㉢

---

1 열전도와 관련된 식 $Q = -Ak\dfrac{dT}{dx}$ 을 이용한다. (k : 열전도도, x : 두께)

열전도도가 4배 증가하고 두께가 2배 증가하였으므로 열 흐름 속도는 $2Q$가 된다.

2 ① 운전 속도가 특정 속도이상으로 빨라지면 Cavitation(유체속 기포발생)현상이 일어난다. 따라서 운전 속도는 한정되어 있다.
② 운동 부분과 고정 부분이 밀착되어 있어서 배출공간에서부터 흡입공간으로의 역류기 최소화된다.
③ 운동부분인 임펠러에서 유체의 유속을 높이고 고정부분인 벌루트에서 압력을 높여 송출한다. 따라서 역류가 발생할 가능성이 적다.
④ 회전펌프는 임펠러의 원심력을 이용하여 유체를 이송시키는 것이다.

3 먼저 유속을 구하기 위해 에너지 보존법칙을 이용한다. 즉 위치에너지 = 운동에너지

$\therefore mgh = \dfrac{1}{2}u^2 \Rightarrow u = \sqrt{2gh}$

4 확산계수(Diffusion coefficient)는 다음과 같은 식으로 구성된다.

$D = \dfrac{1}{3}\nu_{avg}\lambda$ (ν_{avg} : 입자의 평균 운동속도, λ : 평균자유경로(mean free path))

$\therefore \nu_{avg} = \sqrt{\dfrac{8RT}{\pi M}}$, $\lambda = (\dfrac{RT}{P_1 N_A})\dfrac{1}{\sqrt{2}\sigma}$ (σ : 충돌단면)이라는 관계식을 참고하면, 압력이 감소할수록, 온도가 증가할수록, 분자량이 감소할수록 확산계수는 커진다.

정답 및 해설 1.③ 2.④ 3.② 4.③

5 넓은 평판 표면에서 표면 위의 유체로 대류 열전달이 발생하고 있다. 이때 열흐름 속도를 높이는 방법으로 옳은 것은?

① 평판 표면에 핀(fin) 등 확장표면 장치를 설치한다.

② 유체의 흐름 속도를 낮춘다.

③ 평판 표면에 열저항이 큰 또 다른 평판을 올려놓는다.

④ 유체의 온도와 평판 표면의 온도 차이를 줄인다.

6 부피가 V[L]인 용액 내에 분자량이 M_A[g/mol]인 용질 A가 n몰 용해되어 있다. 이 용액이 부피유속 120L/min으로 흐를 때, A의 질량유속[g/h]은?

① $120nM_A$

② $120nM_A/V$

③ $7,200nM_A$

④ $7,200nM_A/V$

7 원형관 내 공기의 유속을 측정하기 위해 설치한 피토관의 압력차가 128Pa일 때, 공기의 유속[m/s]은? (단, 공기의 밀도는 1kg/m^{3}이며 비압축성 흐름으로 가정하고, 마찰손실은 없다)

① 16   ② 32

③ 64   ④ 128

8 고체 입자층을 통과하는 유체의 속도가 증가하면 고체 입자층의 유동화 현상이 발생하게 된다. 이에 대한 설명으로 옳지 않은 것은?

① 유동화된 고체 입자층의 압력 강하는 유체 속도가 빨라져도 일정하다.

② 유동화된 고체 입자층의 높이는 유체 속도가 빨라짐에 따라 증가한다.

③ 최소 유동화 속도는 입자의 크기에 영향을 받지 않는다.

④ 최소 유동화 속도는 입자의 밀도에 영향을 받는다.

5 ① 대류 열전달은 $Q = Ah(T_2 - T_1)$ (h : 대류열전달계수) 의 관계를 가진다. 따라서 표면적을 넓히면 열 흐름 속도가 증가한다.

② 대류열전달계수는 유체의 속도와 연관이 있다. 유체의 속도를 낮추면 대류 열전달계수 값은 작아진다. 따라서 열 흐름 속도가 감소한다.

③ 열 저항이 큰 또 다른 평판을 올려놓으면, 열 저항이 높아져서 열 흐름 속도는 감소한다.

④ 대류 열전달 관계식을 통해서 $Q = Ah(T_2 - T_1)$, 온도차이가 줄어들면 열 흐름 속도가 감소함을 알 수 있다.

6 질량유속 = 부피유속×단위부피당 질량이다. 그리고 질량 = 몰수×분자량의 관계식을 이용한다.

∴ 질량유속 $= 120\text{L/min} \times nM_A / V \times 60\text{min/h} = 7,200nM_A / V$

7

피토관에서 유속을 구하는 관계식은 다음과 같다. $V = \sqrt{\dfrac{2(P_0 - P)}{\rho_{air}}}$

∴ 압력차가 128Pa이며 공기의 밀도가 1kg/m^3이므로 $V = \sqrt{\dfrac{2 \times 128\text{kg/m} \cdot \text{s}^2}{1\text{kg/m}^3}} = 16\text{m/s}$

8 ① 유동화된 고체 입자층의 압력강하는 유체속도가 빨라져도 유동화 입자들이 재배열 되면서 유체가 이동하는 공간이 일정하게 유지된다. 따라서 압력강하는 일정하다.

② 유체속도가 빨라져도 유동화된 고체 입자층의 압력강하는 일정해 지지만, 높이는 증가한다.

③ 최소 유동화 속도는 $V = \dfrac{C_0 g d^2 (\rho_s - \rho_f)(1 - \epsilon_0)}{\mu}$ 다음과 같은 관계식을 가진다. 따라서 입자의 직경에 영향을 받는다. (C_0 : 상수, d : 입자의 직경, ρ_s : 유체의 밀도, ρ_f : 입자의 밀도, ϵ_0 : 초기 공극률)

④ 최소 유동화 속도는 $V = \dfrac{C_0 g d^2 (\rho_s - \rho_f)(1 - \epsilon_0)}{\mu}$ 다음과 같은 관계식을 가진다. 따라서 입자의 밀도에 영향을 받는다. (C_0 : 상수, d : 입자의 직경, ρ_s : 유체의 밀도, ρ_f : 입자의 밀도, ϵ_0 : 초기 공극률)

정답 및 해설 5.① 6.④ 7.① 8.③

9 다음 그림은 초기에 온도가 T_0로 균일한 무한 평판의 단면이다. 평판의 양쪽 측면을 급격히 가열하여 표면온도를 T_S로 유지하면 평판 내부에서 비정상상태 열전도가 진행된다. 평판의 중심선 온도(T_C)가 가장 빨리 상승하는 평판의 열전도도 k[W/m · K]와 비열 cP[J/kg · K]는? (단, 평판의 밀도는 일정하다)

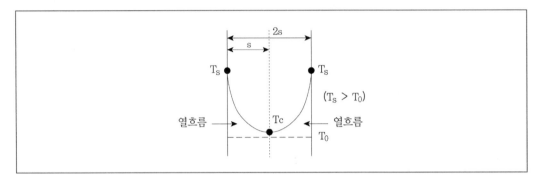

	k	cP
①	1	500
②	1	1,000
③	5	500
④	5	1,000

10 어떤 유기화합물 A는 C, H, O, N으로만 구성되어 있다. A의 원소분석 결과, 이 중 C, H, N의 질량 분율은 각각 0.42, 0.06, 0.28이다. A의 가능한 분자량[g/mol]은? (단, C, H, O, N의 원자량은 각각 12, 1, 16, 14이다)

① 200　　　　　　　　　　　② 250

③ 300　　　　　　　　　　　④ 350

11 비압축성 유체가 다음 그림과 같이 원형관 내에서 x축 방향으로 흐른다. 이때 직경이 4cm인 원형관에서 평균속도가 v일 때, 직경이 8cm인 원형관에서의 평균 속도는? (단, 흐름은 정상 상태이다)

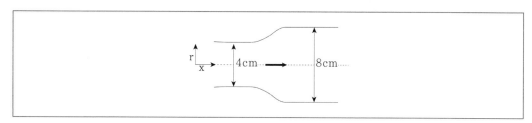

① $\dfrac{v}{8}$

② $\dfrac{v}{4}$

③ $\dfrac{v}{2}$

④ v

---

9 평판의 중심선 온도가 가장 빨리 상승하기 위해서는 열전도도는 클수록, 비열은 낮을수록 좋다.
따라서 k는 보기 중 가장 높은 값인 5이고 cP는 보기 중 가장 낮은 500을 가지는 ③번이 정답이다.

10 우선 A의 물질이 100g이 있다고 가정해보자. 이때 탄소의 질량은 42g, 수소의 질량은 6g, 질소의 질량은 28g, 산소의 질량은 24g이 된다. 각 질량을 각 원소의 원자량으로 나누게 되면 탄소는 3.5, 수소는 6, 질소는 2, 산소는 1.5가 된다. A의 물질이 위 조건을 만족하는 분자량을 갖게 되려면 각 질량을 각 원소의 원자량으로 나누었을 때 정수배가 되어야 한다. 따라서 위의 결과값에 2배를 하면 모든 원소에 대한 정수배가 성립한다. 따라서 가정한 100g에 2배를 한 200g이 A가 가질 수 있는 분자량이다.

11 정상상태 이므로 모든 관속에서의 부피유량은 동일하다.

$\therefore \rho v_1 A_1 = \rho v_2 A_2 \Rightarrow$ 동일한 유체이므로 밀도는 동일하다. $v_1 A_1 = v_2 A_2 \Rightarrow v_2 = \dfrac{A_1}{A_2} v_1$

$A = \dfrac{\pi}{4} D^2$ 이므로 $\Rightarrow v_2 = \dfrac{D_1^2}{D_2^2} v_1 = \dfrac{4^2}{8^2} v_1 = \dfrac{16}{64} v_1 = \dfrac{v_1}{4}$

정답 및 해설 9.③ 10.① 11.②

12 필터로 덮인 판 사이의 공간에 슬러리를 가압 주입하여 고체 케이크와 액체로 분리하는 비연속 가압 여과기는?

① 수평 벨트 여과기(horizontal belt filter)
② 원심 여과기(centrifugal filter)
③ 회전 드럼 여과기(rotary drum filter)
④ 여과 프레스(filter press)

13 단면적이 0.1m²인 원형관을 통해 비압축성 뉴턴 유체(Newtonian fluid)가 층류로 흐른다. 유체의 부피 유속이 0.04m³/s일 때, 원형관 중심에서 유체의 유속[m/s]은? (단, 흐름은 정상상태 완전발달흐름이다)

① 0.2
② 0.4
③ 0.8
④ 1.6

14 효소촉매를 이용한 A→R 반응의 반응속도식은 $-r_A = \dfrac{kC_A C_{E_0}}{M + C_A}$ 로 표현된다. A의 농도(C_A)와 반응속도와의 관계에 대한 설명으로 옳은 것은? (단, 효소의 초기농도(C_{E_0}), k와 M은 상수로 가정한다)

① $C_A \ll M$이면, $-r_A \propto \dfrac{1}{C_A}$ 이다.
② $C_A \ll M$이면, $-r_A \propto C_A$ 이다.
③ $C_A \gg M$이면, $-r_A \propto \dfrac{1}{C_A}$ 이다.
④ $C_A \gg M$이면, $-r_A \propto C_A$ 이다.

15 어떤 고체 입자의 표면적이 $8mm^2$, 부피가 $1.8mm^3$, 상당지름이 $1.5mm$일 때 구형도(sphericity)는? (단, 상당지름은 고체 입자와 같은 부피의 구 지름이다)

① 0.3

② 0.6

③ 0.7

④ 0.9

---

12 ① 수평 벨트 여과기 : 이동하는 배수 벨트에 의해 지지되는 여과포에 슬러리가 공급되는 수평면에서 연속 진공을 가하여 여과하는 기계

② 원심여과기 : 원심력을 이용하여 혼합되어 있는 액체와 고체를 분리하거나 여과하는 기계

③ 회전 드럼 여과기 : 연속적인 케이크 박리 및 추출이 가능한 여과기이며, 탈수(여과)를 확실하게 하며, 폐기물의 슬러리 제거및 액을 연속적으로 여과하기 위한 최적의 여과장치

④ 여과프레스 : 밀폐된 여과실내로 슬러리를 펌프로 압입하여, 여과판에 장착되어진 여과포를 통해 고체와 액체를(Cake, Filtrate) 분리시키는 여과장치

13 부피유속 $= vA$식을 이용한다. (v : 평균유속, A : 면적)

∴ $0.04m^3/s = 0.1m^2 \times v \Rightarrow v = 0.4m/s$

층류이면서 원형관 중심에서의 유체의 유속은 평균유속×2이므로 $\Rightarrow v_{center} = 0.4m/s \times 2 = 0.8m/s$

14 반응속도식 $-r_A = \dfrac{kC_A C_{E_0}}{M + C_A}$ 에서 A의 농도와 M과의 관계는 다음과 같이 두 가지 경우가 있다.

• $C_A \ll M$인 경우 : 분모의 C_A는 무시되어 $-r_A = \dfrac{kC_A C_{E_0}}{M}$ 의 관계가 되며 상수를 정리하면 $-r_A \propto C_A$

• $C_A \gg M$인 경우 : 분모의 M은 무시되어 $-r_A = \dfrac{kC_A C_{E_0}}{C_A} = kC_{E_0}$ 관계가 되며 $-r_A \propto$ 상수 관계가 된다.

15 구형도는 다음과 같은 식을 통해 얻어진다. $\Psi = \dfrac{\pi^{\frac{1}{3}}(6V_p)^{\frac{2}{3}}}{A_p}$ (V_p : 입자의 부피, A_p : 입자의 표면적)

∴ $\Psi = \dfrac{\pi^{\frac{1}{3}}(6V_p)^{\frac{2}{3}}}{A_p} = \dfrac{\pi^{\frac{1}{3}}(6 \times 1.8mm^3)^{\frac{2}{3}}}{8mm^2} = 0.89 \fallingdotseq 0.9$

정답 및 해설　12.④　13.③　14.②　15.④

향류(countercurrent flow) 이중관 열교환기 내에서 알코올과 물 사이에 열이동이 일어난다. 알코올은 60℃로 주입되어 30℃로 배출되고, 물은 16℃로 주입되어 32℃로 배출된다. 관을 통한 단위 면적당 열흐름 속도[W/m²]는? (단, 총괄 열전달 계수는 600 W/m²·℃이고, ln2 = 0.7이다)

① 12,000 ② 14,000
③ 16,000 ④ 18,000

17 헥세인(hexane)과 헵테인(heptane)의 2성분 혼합물이 기액 평형을 이루고 있다. 기상에서 헥세인과 헵테인의 몰분율이 각각 0.5일 때, 액상에서 헥세인의 몰분율은? (단, 혼합물은 라울(Raoult)의 법칙을 따르며, 기액 평형상태 온도에서 헥세인과 헵테인의 증기압은 각각 2bar, 1bar이다)

① $\dfrac{1}{4}$ ② $\dfrac{1}{3}$
③ $\dfrac{1}{2}$ ④ $\dfrac{2}{3}$

18 기체 흡수탑에서 A가 기상으로부터 액상으로 흡수된다. A의 액상 몰분율(x)이 0.1이고 기상 몰분율(y)이 0.2일 때, 기액 계면에서의 A의 조성(x_i, y_i)은? (단, 기체흡수는 이중경막론을 따르고, 액상 개별 물질전달 계수($k_x a$)는 기상 개별 물질전달 계수($k_y a$)의 두 배이다. 기액 계면에서 액상 몰분율(x_i)과 기상 몰분율(y_i)의 평형관계는 $y_i = 0.5x_i$이다)

① (0.12, 0.06)
② (0.16, 0.08)
③ (0.28, 0.14)
④ (0.40, 0.20)

16 열 흐름 속도는 다음과 같은 식을 통해 구한다. $Q = U\Delta T_{lm} A$ (U : 총괄열전달계수, ΔT_{lm} : 대수평균온도차)

대수평균온도차 : $\Delta T_{lm} = \dfrac{\Delta T_1 - \Delta T_2}{\ln\left(\dfrac{\Delta T_1}{\Delta T_2}\right)}$ $(\Delta T_1 = T_{h.in} - T_{c,out},\ \Delta T_2 = T_{h.out} - T_{c.in})$

$\therefore\ \Delta T_{lm} = \dfrac{28℃ - 14℃}{\ln\left(\dfrac{28}{14}\right)} = \dfrac{28℃ - 14℃}{\ln(2)} = \dfrac{28℃ - 14℃}{0.7} = 20℃,\ (\Delta T_1 = 60 - 32 = 28℃,\ \Delta T_2 = 30 - 16 = 14℃)$

$\therefore\ \dfrac{Q}{A} = U\Delta T_{lm}\ \Rightarrow\ 600\text{W/m}^2 \cdot ℃ \times 20℃ = 12{,}000\text{W/m}^2$

17
이성분계 이상용액에서 기액평형일 때, 다음과 같은 식이 이용된다. $y_1 = \dfrac{x_1 P_1^*}{P_2^* + (P_1^* - P_2^*)x_1}$

(y_1 : 성분1의 기상몰분율, x_1 : 성분1의 액상 몰분율, P_1^* : 순수한 성분1의 증기압, P_2^* : 순수한 성분2의 증기압)

$\therefore\ y_1 = \dfrac{x_1 P_1^*}{P_2^* + (P_1^* - P_2^*)x_1} = \dfrac{2x_1}{1 + (2-1)x_1} = 0.5\ \Rightarrow\ \dfrac{2x_1}{1 + x_1} = 0.5\ \Rightarrow\ 1.5x_1 = 0.5\ \Rightarrow\ x_1 = \dfrac{1}{3}$

18
$k_x a(x_A - x_{Ai}) = k_y a(y_{Ai} - y_A)\ \Rightarrow\ \dfrac{k_x a}{k_y a} = \dfrac{(y_{Ai} - y_A)}{(x_A - x_{Ai})} \Rightarrow\ 2 = \dfrac{y_{Ai} - 0.2}{0.1 - x_{Ai}} = \dfrac{0.5x_{Ai} - 0.2}{0.1 - x_{Ai}}\ \Rightarrow\ 0.4 = 1.5x_{Ai}\ \Rightarrow$

$x_{Ai} = 0.16$

$\therefore$ 계면에서의 A의 조성은 $(x_{Ai},\ y_{Ai}) \Rightarrow (x_{Ai},\ 0.5x_{Ai}) \Rightarrow (0.16,\ 0.08)$

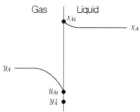

기-액 계면 근처에서 농도기울기(기체흡수)

19 A와 B로 구성된 2성분 기체 혼합물이 있다. A의 질량조성은 80%이고, A와 B의 분자량 [g/mol]은 각각 40과 10이다. 이 기체 혼합물의 평균 분자량은?

① 25

② 30

③ 35

④ 40

20 기체 A가 지점 1에서 δ 떨어진 지점 2로 확산하고 있다. 지점 2의 촉매 표면에서 화학반응(A →B)이 순간반응(instantaneous reaction)으로 진행되어 A는 모두 반응한다. 생성된 기체 B는 지점 2에서 지점 1로 확산한다. 이때, 기체 A의 몰플럭스는? (단, 정상상태이며 등온이다. 모든 기체는 x방향으로만 확산한다. 확산계수는 D_{AB}이고, $x=0$에서 A의 농도는 C_{A_0}이다)

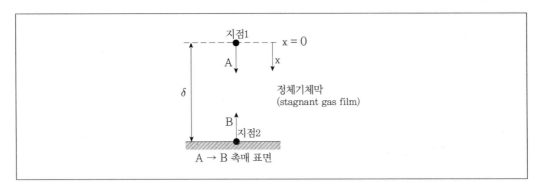

① $\dfrac{D_{AB}C_{A_0}}{2\delta}$

② $\dfrac{D_{AB}C_{A_0}}{\delta}$

③ $\dfrac{3D_{AB}C_{A_0}}{2\delta}$

④ $\dfrac{2D_{AB}C_{A_0}}{\delta}$

19 평균분자량을 구하는 식은 다음과 같다. $\displaystyle\sum_{all\ componets} y_i M_i$ (y_i : 몰분율, M_i : 분자량)

혼합물의 조성의 질량이 100g이 있다고 가정하면 A는 80g, B는 20g이다.

여기에 각 물질의 분자량으로 나누면 A는 $\dfrac{80g}{40g/mol}=2mol$, B는 $\dfrac{20g}{10g/mol}=2mol$ 이다.

∴ A, B의 몰분율은 동일하게 $\dfrac{2mol}{4mol}=0.5$,　$\displaystyle\sum_{all\ componets} y_i M_i=0.5\times40g/mol+0.5\times10g/mol=25g/mol$

20 확산과 관련된 식 $J_{AB}=-D_{AB}\dfrac{dC_A}{dx}$ 는 농도의 기울기에 대해서 비례한다.

지점 2에서는 A가 B로 모두 반응하므로 $C_A=0$이다.

∴ $J_{AB}=-D_{AB}\displaystyle\int_1^2 \dfrac{dC_A}{dx}=D_{AB}\dfrac{C_{A0}-C_A}{\delta}=D_{AB}\dfrac{C_{A0}}{\delta}$ (C_{A0} : 1지점에서의 농도, C_A : 2지점에서의 농도)

정답 및 해설 19.① 20.②

1 전압이 0.9atm이고 수증기 분압이 0.18atm인 공기의 절대습도[kg H_2O/kg dry air]는? (단, 수증기의 분자량은 18g/mol이고 건조공기의 분자량은 30g/mol로 가정한다)

① 0.12

② 0.15

③ 0.25

④ 0.42

2 반응 ㈎와 ㈏의 표준생성열(standard heat of formation)이 다음과 같을 때, 반응 ㈐의 표준반응열(standard heat of reaction)[kcal/mol]은?

㈎ $C(s) + O_2(g) \rightarrow CO_2(g)$, $\Delta H^{\circ f} = -94.1\,\text{kcal/mol}$

㈏ $C(s) + \dfrac{1}{2}O_2(g) \rightarrow CO(g)$, $\Delta H^{\circ f} = -26.4\,\text{kcal/mol}$

㈐ $CO(g) + \dfrac{1}{2}O_2(g) \rightarrow CO_2(g)$

① -41.3

② -67.7

③ 41.3

④ 67.7

3 휘발성의 차이를 이용하여 액체 혼합물의 각 성분을 분리하는 조작은?

① 추출

② 흡수

③ 흡착

④ 증류

4 대류에 의한 열전달에 해당하는 법칙은?

① Stefan–Boltzmann 법칙

② Fourier의 법칙

③ Fick의 법칙

④ Newton의 냉각법칙

---

1 공기의 절대습도를 구하는 식은 다음과 같다. $H = \dfrac{M_v}{M_g} \times \dfrac{p_v}{P - p_v}$

(M_v : 수증기의 분자량, M_g : 건조공기의 분자량, p_v : 수증기의 분압, P : 전체압력)

$\therefore H = \dfrac{M_v}{M_g} \times \dfrac{p_v}{P - p_v} = \dfrac{18\text{g/mol}}{30\text{g/mol}} \times \dfrac{0.18\text{atm}}{0.9\text{atm} - 0.18\text{atm}} = 0.15$

2 Hess의 법칙을 이용하여 표준반응열을 구한다.

(다)식이 완성되기 위해서는 (가)식에서 (나)식을 빼면 된다. 즉 (다)의 표준반응열은 다음과 같다.

$\therefore -94.1\text{kcal/mol} - (-26.4\text{kcal/mol}) = -67.7\text{kcal/mol}$

3 증류는 혼합용액을 그 성분의 비점 또는 휘발도 차이를 이용하여 증발과 응축으로 분리하는 조작이다.

4 ① Stefan–Boltzmann 법칙 : 복사에 의한 열전달에 관련된 법칙이다.
② Fourier의 법칙 : 전도에 의한 열전달에 관련된 법칙이다.
③ Fick의 법칙 : 확산에 의한 물질전달에 관련된 법칙이다.
④ Newton의 냉각법칙 : 대류에 의한 열전달에 관련된 법칙이다.

정답 및 해설　1.② 2.② 3.④ 4.④

5 두께가 500mm인 벽돌 벽에서 단위면적(1m²)당 80kcal/h의 열손실이 발생하고 있다. 벽 내면의 온도가 900℃라 할 때, 벽 외면의 온도[℉]는? (단, 이 벽돌의 열전도도는 0.1kcal/h · m · ℃이다)

① 41

② 122

③ 932

④ 9,032

6 우리나라에서 8월에 측정된 복사체의 표면온도는 A℃였으며, 같은 해 12월에 측정된 복사체의 표면온도는 B℃였다. 동일한 복사체 표면에서 8월에 방출된 단위시간당 복사에너지는 12월의 몇 배인가? (단, 복사체의 복사율은 일정하다고 가정한다)

① $\dfrac{A^2}{B^2}$

② $\dfrac{A^4}{B^4}$

③ $\dfrac{(A+273.15)^2}{(B+273.15)^2}$

④ $\dfrac{(A+273.15)^4}{(B+273.15)^4}$

7 정류탑(rectification tower)이나 충전탑(packed column)에 대한 설명으로 옳지 않은 것은?

① 정류탑을 실제 운전할 때 공장은 조업 유연성을 확보하기 위하여 최적환류비보다 더 큰 환류비로 조업하기도 한다.

② 정류탑에서 원료가 공급되는 단을 원료 공급단이라 하며, 저비점 성분은 윗단으로 올라갈수록 적어지고 아랫단으로 내려갈수록 많아진다.

③ 충전탑에서 액체가 한쪽으로만 흐르는 현상을 편류(channeling)라고 하며, 충전탑의 기능을 저하시키는 요인이 된다.

④ 충전탑은 라시히 링(Raschig ring)과 같은 충전물을 채운 것으로서 이 충전물의 표면에서 기체와 액체의 접촉이 연속적으로 일어나도록 되어 있다.

8 0.5mm의 간격으로 놓여 있는 두 개의 평행한 판 사이에 점도가 $1.0 \times 10^{-3} N \cdot s/m^2$인 뉴턴 유체 (Newtonian fluid)가 채워져 있다. 위쪽 판을 2m/s의 속도로 이동시킬 때, 전단응력[N/m^2]은?

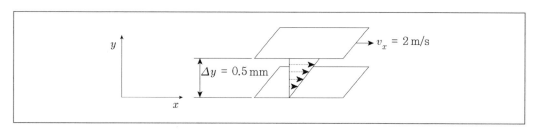

① 2

② 4

③ 6

④ 8

---

5 열전도와 관련된 식 $Q = -Ak\dfrac{\Delta T}{\Delta x}$을 이용한다. ($k$: 열전도도, Δx : 두께)

$$\therefore Q = -Ak\frac{\Delta T}{\Delta x} \Rightarrow 80\text{kcal/h} = -0.1\text{kcal/h} \cdot \text{m} \cdot \text{℃} \times 1\text{m}^2 \times \frac{T_2 - 900\text{℃}}{0.5\text{m}} \Rightarrow T_2 = 500\text{℃}$$

$$\Rightarrow 500\text{℃} \times 1.8\frac{\text{℉}}{\text{℃}} + 32\text{℉} = 932\text{℉}$$

6 복사에 의한 열전달과 관련된 식 $W = \sigma A T^4$을 이용한다. (σ : 볼츠만상수, A : 면적)

$$\therefore \frac{W_A}{W_B} = \frac{\sigma A T_A^4}{\sigma A T_B^4} = \frac{T_A^4}{T_B^4} = \frac{(A + 273.15K)^4}{(B + 273.15K)^4}$$

7 ① 정류탑을 실제 운전할 때 공장은 이론에 대한 오차, 사고 등을 감안하여 최적 환류비보다 더 큰 환류비로 조업한다.

② 정류탑에서 원료가 공급되는 단을 원료 공급단이라 하며, 저비점 성분은 윗단으로 올라갈수록 많아지고 아랫단으로 내려갈수록 적어진다.

③ 충전탑에서 액체의 격막이 일정하지 않고 울퉁불퉁하여 한쪽으로만 흐르는 현상을 편류라고 하며 이는 충전탑을 기능을 저하시키는 요인이 된다.

④ 충전탑에는 충전물을 채운 것으로서 이 충전물의 표면에서 기체와 액체의 접촉이 연속적으로 일어나도록 설계되어 있다.

8 전단응력 : $\tau = \mu\dfrac{du}{dy}$을 이용한다. (μ : 점도, u : 유속, y : 벽에서부터 떨어진 위치)

$$\therefore \tau = \mu\frac{du}{dy} = 1.0 \times 10^{-3} N \cdot s/m^2 \times \frac{2\text{m/s}}{0.5 \times 10^{-3}\text{m}} = 4N/m^2$$

정답 및 해설 5.③ 6.④ 7.② 8.②

9 다음은 에테인(C_2H_6)으로부터 탄소(C)를 생산할 때 일어나는 반응이다. 수소(H_2) 3mol과 에틸렌(C_2H_4) 1mol이 생성되었을 경우, 생산된 탄소의 질량[g]은? (단, C의 원자량은 12g/mol이다)

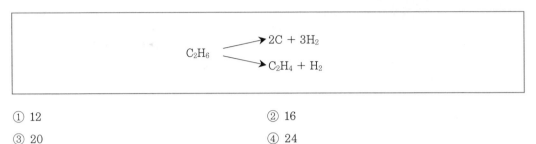

① 12

② 16

③ 20

④ 24

10 이중관식 열교환기(double pipe heat exchanger)에 대한 설명으로 옳은 것은?

① 병류(parallel flow)의 경우, 두 관 액체 사이의 온도 차이가 입구에서는 작지만 출구로 갈수록 커진다.

② 열교환기를 설계하기 위해 두 관 액체 사이의 평균 온도 차이를 구하는 경우, 입구에서의 온도 차이와 출구에서의 온도 차이의 산술평균을 주로 사용한다.

③ 관의 길이가 길수록 전체 열 교환량은 감소한다.

④ 관을 통한 열 교환은 대류−전도−대류의 방식으로 이루어진다.

11 A＋B→C로 주어진 반응의 반응속도[mol/L · s]식이 다음과 같을 때, 속도상수(k)의 단위는?

$$- r_A = k[A]^2[B]$$

① 1/s

② 1/mol · s

③ L/mol · s

④ L^2/mol^2 · s

12 정류탑을 구성하는 요소장치가 아닌 것은?

① 재비기(reboiler)

② 응축기(condensor)

③ 단(stage)

④ 임펠러(impeller)

---

9 $C_2H_6 \rightarrow C_2H_4 + H_2$ 반응식에서 에틸렌이 1mol 형성되었으므로, 수소도 1mol 형성되었다.

즉 $C_2H_6 \rightarrow 2C + 3H_2$ 반응식에서 발생된 수소는 2mol임을 알 수 있다.

∴ $C_2H_6 \rightarrow 2C + 3H_2$ 에서 수소에 대한 탄소의 생성비가 $\frac{2}{3}$ 이므로 $2molH_2 \times \frac{2molC}{3molH_2} \times 12g/mol = 16g/mol$

10 ① 병류의 흐름에서 온도차는 입구에서 크고 출구로 갈수록 작아진다.

② 열교환기에서 평균온도차이를 구하는 경우는 산술평균 온도차와 대수평균 온도차를 이용한다.

③ 관의 길이가 길수록 열 교환량은 증가한다.

④ 관을 통한 열 교환은 차가운 유체에서의 대류→관에서의 전도→뜨거운 유체에서의 대류 과정을 거친다.

11 반응속도의 단위는 $mol/L \cdot s$ 이다. 그리고 반응속도식 $-r_A = k[A]^2[B]$에서 각 $[A]$, $[B]$는 농도이므로 단위는 mol/L이다.

∴ 반응속도 상수의 단위는 다음과 같다. k의 단위 $= \frac{mol/L \cdot s}{(mol/L)^3} = \frac{L^2}{mol^2 \cdot s}$

12 정류탑을 구성하는 요소장치는 재비기, 응축기, 단, 펌프, 열교환기 등이 있다.

임펠러는 회전펌프에 구성하는 요소장치이다.

13 내경 15cm인 원형 도관을 흐르는 유체의 레이놀즈 수(Re)가 3,000일 때, 유체의 평균유속 [m/s]은? (단, 유체의 밀도는 1,000kg/m³이며, 유체의 점도는 1cP이다)

① 0.02

② 0.2

③ 2

④ 20

14 100℃의 금속 조각 0.5kg을 물 1kg이 들어 있는 비커에 넣었더니 물 온도가 18℃에서 20℃ 로 증가하였다. 금속 조각의 열용량[J/g · ℃]은? (단, 비커는 완전히 단열되어 있고, 물과 금 속 조각의 체적 변화는 없으며, 물의 열용량은 4J/g · ℃이다)

① 0.2

② 0.4

③ 0.6

④ 0.8

15 4℃의 물이 10mol/s의 몰유속(molar flow rate)으로 단면적이 10cm²인 관을 흐르고 있다. 이 흐름이 플러그 흐름(plug flow)일 때, 관 중심에서의 유속[cm/s]은? (단, 물의 분자량은 18g/mol이다)

① 18

② 36

③ 72

④ 144

16 분체의 체 분리(screening)에 대한 설명으로 옳은 것은?

① 입자 크기와 입자 밀도를 이용하여 입자를 분리하는 방법이다.

② Tyler 표준체의 어느 한 체의 개방공(screen opening) 면적은 그 다음 작은 체의 개방공 면적의 4배이다.

③ 메쉬(mesh) 숫자가 클수록 작은 입자를 분리할 수 있다.

④ 150 메쉬보다 미세한 체일수록 공업적으로 더 많이 사용된다.

---

13 레이놀즈 수 $Re = \rho u D / \mu$ 식을 이용한다. (ρ는 밀도, u는 유속, D는 파이프 직경, μ는 점도)

$\therefore Re = \rho u D / \mu \Rightarrow 3,000 = \dfrac{1,000\text{kg/m}^3 \times \text{u} \times 0.15\text{m}}{1.0 \times 10^{-3}\text{kg/m} \cdot \text{s}} \Rightarrow u = 0.02\text{m/s}$

14 열량과 관련된 식 $Q = m C_p \Delta T$를 이용한다. (m : 질량, C_p : 열용량, ΔT : 온도변화량)

에너지 보존법칙에 의하여 금속조각의 에너지는 물의 열에너지로 전달된다.

$\therefore m_{금속} C_{금속} \times \Delta T_{금속} = m_물 C_물 \times \Delta T_물$

$\Rightarrow 500\text{g} \times C_{금속}(100℃ - 20℃) = 1,000\text{g} \times 4\text{J/g} \cdot ℃ \times (20℃ - 18℃) \Rightarrow C_{금속} = 0.2\text{J/g} \cdot ℃$

15 플러그 흐름 : 벽의 영향이 적은 영역에서는 전단응력을 무시할 수 있으므로, 비압축성이고 점도가 0인 이상유체와 거동이 비슷해지는데 이러한 유체를 말한다. 즉 플러그 흐름에 의해서 $\bar{u} = u_{max}$ 가 된다.

또한 질량유속 $\dot{m} = \rho u A$의 식을 도입하여 유속을 구한다.

$\therefore u_{max} = \dfrac{\dot{m}}{\rho A} = \dfrac{10\text{mol/s} \times 18\text{g/mol}}{1\text{g/cm}^3 \times 10\text{cm}^2} = 18\text{cm/s}$

16 ① 체 분리는 입자 밀도를 이용하지 않고 입자 크기별로 구별한다.

② Tyler의 표준체는 200mesh를 기준으로 한 $\sqrt{2}$ 계열체를 말하고, $\sqrt{2}$ 계열체는 연속체 구멍의 면적비가 2배, 체의 눈금비가 $\sqrt{2}$ 이다.

③ 체에 사용되는 철사 사이의 공간을 체 구멍이라고 하며, 메쉬를 통해 나타내는데 1mesh는 1in^2당 1^2개의 구멍을 뜻한다. 즉, 100mesh는 1in^2당 100^2개의 구멍이 존재한다. 즉 메쉬는 숫자가 클수록 작은 입자를 분리한다.

④ 공업적으로 사용되는 메쉬는 제품에 따라 적절한 메쉬로 이용된다.

정답 및 해설 13.① 14.① 15.① 16.③

17 다음은 원형 도관에 유체가 흐를 때 마찰에 의한 압력손실을 나타내는 식이다. ΔP는 압력손실, f는 마찰계수, ρ는 유체의 밀도, u는 평균유속, L_p는 도관의 길이, D는 도관의 직경일 때, f의 차원은? (단, M은 질량, L은 길이, T는 시간을 나타낸다)

$$\Delta P = \frac{2f\rho u^2 L_p}{D}$$

① 무차원

② ML^{-1}

③ MT^{-3}

④ $ML^{-1}T^{-1}$

18 흡수탑을 사용하여 성분(A)을 흡수할 때 기액 계면 근처에서의 농도구배는 그림 ㈎와 같다. 이 그림에서 x_A와 y_A는 각각 벌크 액체와 벌크 기체의 몰분율이고, x_{Ai}와 y_{Ai}는 각각 기액 계면에서 액체와 기체의 몰분율이다. A의 물질전달속도(r)는 총괄 물질전달계수(K_y, overall mass transfer coefficient)를 사용하여 식 ㈏와 같이 나타낼 수 있다. 개별 물질전달계수 (individual mass transfer coefficient)는 액상에서 0.2mol/m² · s이고 기상에서 0.1mol/m² · s 라고 할 때, 총괄 물질전달저항($\frac{1}{K_y}$)의 값[m² · s/mol]은? (단, 기체흡수는 이중경막론을 따르고, $y_{Ai} = 0.8\,x_{Ai}$이며, $y_A^* = 0.8\,x_A$이다)

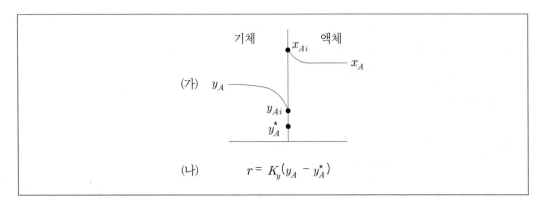

① 14

② 18

③ 24

④ 30

19 앞먹임 제어(feedforward control)에 대한 설명으로 옳지 않은 것은?

① 공정에 미치는 외부 교란변수의 영향을 미리 보정하는 제어이다.
② 외부 교란변수를 사전에 측정하여 제어에 이용한다.
③ 공정의 출력을 제어에 이용한다.
④ 제어루프는 감지기, 제어기, 가동장치를 포함한다.

20 정류탑에서 공급원료의 상태는 공급원료 1몰 중 탈거부(stripping section)로 내려가는 액체의 몰수로 정의되는 q인자를 사용해서 표시할 수 있다. 이 때 q인자가 음수인 경우는?

① 차가운 액체를 공급할 경우   ② 포화증기를 공급할 경우
③ 과열증기를 공급할 경우   ④ 포화액체를 공급할 경우

---

17 f는 패닝의 마찰계수라고도 하며, 마찰계수는 난류의 흐름에 적용되는 식이며, 속도 두와 밀도에 반비례하고, 전단응력에 비례하며, 무차원수이다.

18 총괄 물질전달저항은 다음과 같은 식을 통해 구한다.

$\dfrac{1}{K_y} = \dfrac{1}{k_y} + \dfrac{H}{k_x}$ (K_y : 총괄 물질전달계수, k_y : 기상물질전달계수, k_x : 액상물질전달계수 H : 헨리상수)

$\therefore \ \dfrac{1}{K_y} = \dfrac{1}{k_y} + \dfrac{H}{k_x} = \dfrac{1}{0.1} + \dfrac{0.8}{0.2} = 14\text{m}^2 \cdot \text{s/mol}$(헨리상수는 기상과 액상에서의 관계상수가 0.8을 통해 구한다.)

19 ① Feedforward 제어 : 외부교란 변수를 사전에 측정하여 제어에 이용함으로써 외부 교란변수가 공정에 미치는 영향을 미리 보정해주도록 하는 제어이다.
② ①번과 동일한 설명의 내용이다.
③ 공정의 출력을 제어에 이용하지 않는다.
④ 교란을 측정할 수 있는 센서와 교란 동특성 모델이 필요하다.(감지기, 제어기, 가동장치 등)

20 ㉠ 공급물이 비점인 포화액체일 경우 $q=1$이며, 원료선의 기울기는 무한대가 된다.
㉡ 공급물이 포화증기일 경우 $q=0$이며, 원료선의 기울기 0(zero)이 된다.
㉢ 공급물이 증기와 액체의 1:1 혼합물일 경우 q는 $0 < q < 1$이며, 원료선의 기울기는 음(negative)의 부호를 가지면서 0(zero)과 무한대 (∞)사이에 존재한다.
㉣ 공급물이 과열 증기일 경우 q는 음의 값을 가지며, 원료선의 기울기는 0과 1사이에 존재한다.
㉤ 공급물이 비점이하의 차가운 액체인 경우 q는 1보다 큰 값을 보이며 원료선의 기울기도 1보다 큰 양의 부호를 갖는다.

정답 및 해설 17.① 18.① 19.③ 20.③

1 계단입력에 과소 감쇠 응답(Under damping response)을 보이는 2차계에 대한 설명으로 가장 옳지 않은 것은?

① 오버슈트(overshoot)는 정상상태값을 초과하는 정도를 나타내는 양으로 감쇠계수(damping factor)만의 함수이다.

② 응답이 최초의 피크(peak)에 이르는 데에 소요되는 시간은 진동주기의 반에 해당한다.

③ 오버슈트(overshoot)와 진동주기를 측정하여 2차계의 공정의 주요한 파라메타들을 추정할 수 있다.

④ 감쇠계수(damping factor)가 1에 접근할수록 응답의 진폭은 확대된다.

2 〈보기〉와 같이 비가역 연속 1차반응이 회분식 반응기에서 일어날 때 R의 최대농도(C_R,max)와 최대농도가 되는 반응 시간($t$max)은? (단, k_1=1min^{-1}, k_2=2min^{-1}, C_{A0}=3mol/l, C_{B0}=C_{S0}=0mol/l이다.)

〈보기〉

$$A \xrightarrow{k_1} R \xrightarrow{k_2} S$$

① $3/e$mol/l, ln2min

② $3/e$mol/l, ln0.5min

③ 0.75mol/l, ln2min

④ 0.75mol/l, ln0.5min

3 정상상태의 일정한 압력에서 운전되는 등온의 단일상 흐름 반응기에서 A + B → R + S 반응이 진행된다. C_{A0}=100, C_{B0}=300인 기체공급물에 대하여 전화율는 X_A는 0.90일 때, X_B, C_A 및 C_B는?

① 0.3, 10, 210　　　　　　　　　② 0.1, 10, 210

③ 0.3, 90, 210　　　　　　　　　④ 0.3, 10, 10

---

1 ① 오버슈트는 응답이 정상상태 값을 초과하는 정도를 나타내는 양으로 (overshoot)$=\dfrac{B}{A}=\exp(-\dfrac{\pi\zeta}{\sqrt{1-\zeta^2}})$다음과 같이 감쇠계수만의 함수를 갖는다.

② 응답이 최초의 피크에 이르는 데에 소요되는 한 진동주기의 절반에 해당되는 시간이므로 옳은 설명이다.

③ 오버슈트와 진동주기를 측정하면, 감쇠계수, 시간상수 등을 알 수 있고, 최종적으로 전달함수를 구할 수 있다.

④ 감쇠계수가 1에 접근할수록 응답의 진폭은 점점 감소한다.

2 회분식 반응기 설계식을 통해 문제를 해결한다. $\dfrac{dC_A}{dt}=r_A$

• A → R로 진행되는 반응

반응속도 식 $r_A=-k_1 C_A$

결합 후 양변 적분 $\dfrac{dC_A}{dt}=-k_1 C_A \Rightarrow \displaystyle\int_{C_{A0}}^{C_A}\dfrac{dC_A}{C_A}=-k_1\int_0^t dt \Rightarrow \ln(\dfrac{C_A}{C_{A0}})=-k_1 t \Rightarrow C_A=C_{A0}e^{-k_1 t}$

• R → S로 진행되는 반응

반응속도 식 $r_R=k_1 C_A - k_2 C_R$

결합 후 양변 적분 $\dfrac{dC_R}{dt}=k_1 C_A - k_2 C_R \Rightarrow \dfrac{d(C_R e^{k_2 t})}{dt}=k_1 C_{A0}e^{(k_2-k_1)t} \Rightarrow C_R=k_1 C_{A0}(\dfrac{e^{-k_1 t}-e^{-k_2 t}}{k_2-k_1})$

∴ 최대농도의 시간($\dfrac{dC_R}{dt}=0$일 때) : $t_{\max}=\dfrac{1}{k_1-k_2}\ln\dfrac{k_1}{k_2}=\dfrac{1}{1-2}\ln\dfrac{1}{2}=\ln 2\,\mathrm{min}$

∴ 최대농도 : $C_R=k_1 C_{A0}(\dfrac{e^{-k_1 t}-e^{-k_2 t}}{k_2-k_1})=1\times 3\times(\dfrac{e^{-\ln 2}-e^{-2\ln 2}}{2-1})=0.75\,\mathrm{mol/l}$

3 전화율은 다음과 같은 의미를 갖는다. $X_A=\dfrac{\text{반응한}\,A\text{의 몰수}}{\text{공급된}\,A\text{의 몰수}}$

• C_A : $X_A=\dfrac{C_{A1}}{100}=0.9 \Rightarrow C_{A1}=90$, ∴ $C_A=C_{A0}-C_{A1}=100-90=10$

• C_B : 반응계수의 비가 1:1이므로 A가 90 소모되었기 때문에 300 − 90 = 210

• $X_B=\dfrac{90}{300}=0.3$

정답 및 해설 1.④ 2.③ 3.①

4 〈보기〉의 기상 반응은 25℃에서의 발열반응이다. 이 반응을 800℃에서 실시할 때, 발열반응인지 여부와 반응열은? (단, 반응물의 25℃와 800℃에서의 평균비열은 $\overline{C_{p,A}}$=20J/mol·K, $\overline{C_{p,B}}$=30J/mol·K, $\overline{C_{p,C}}$=70J/mol·K로 계산한다.)

〈보기〉

$$A + B \xrightarrow{k_1} C, \quad \triangle H_{R,298K} = -15\text{kJ}$$

① 발열반응, −500J

② 발열반응, −1,500J

③ 흡열반응, 500J

④ 흡열반응, 1,500J

5 물질의 기본적 성질에 대한 미분형 관계식으로 가장 옳은 것은?(단, H = 엔탈피, U = 내부에너지, S = 엔트로피, G = 깁스에너지, A = 헬름홀츠에너지, P = 압력, V = 부피, T = 절대 온도이다.)

① $dU = TdS - VdP$

② $dH = TdS - VdP$

③ $dA = -SdT - PdV$

④ $dG = SdT + VdP$

6 혼합 흐름 반응기에 반응물 A가 원료로 공급되고, 〈보기〉와 같은 연속반응이 진행된다. 이때 B의 농도가 최대가 되는 반응기 공간시간은? (단, k_1=2min^{-1}, k_2=1min^{-1}이고, 원료 반응물의 농도는 C_{A0}=2mol/l이다.)

〈보기〉

$$A \xrightarrow{k_1} B \xrightarrow{k_2} C$$

---

① 2min

② $\dfrac{1}{2}$ min

③ $\sqrt{2}$ min

④ $\dfrac{1}{\sqrt{2}}$ min

---

4 특정 온도에서의 엔탈피 변화량은 다음과 같은 식을 통해 구할 수 있다.

$\Delta H = \Delta H_0 + <\Delta C_P>_H (T - T_0)$ (하첨자 0의 의미는 298K에서의 값을 의미한다. 즉 ΔH_0: 표준 생성 엔탈피)

$<\Delta C_P>_H = 70 - (20 + 30) = 20$J/mol · K, $\Delta H_0 = -15$kJ

$\therefore \Delta H = \Delta H_0 + <\Delta C_P>_H (T - T_0) = -15,000$J $+ 20$J/mol · K$\times 1$mol$\times (1,073 - 298)$K $= 500$J

5 ① $dU = TdS - PdV$

② $dH = TdS + VdP$

③ $dA = -SdT - PdV$

④ $dG = -SdT + VdP$

6 혼합 흐름 반응기에 직렬반응이며, 중간생성물의 농도가 최대가 되는 반응기 공간시간을 구하는 식은 다음과 같다.

$1/\sqrt{k_1 \times k_2} = 1/\sqrt{2\text{min}^{-1} \times 1\text{min}^{-1}} = 1/\sqrt{2}$ min

정답 및 해설 4.③ 5.③ 6.④

7 〈보기 1〉의 압력(P)–부피(V) 상도에 대한 설명으로 옳은 것을 〈보기 2〉에서 모두 고른 것은?

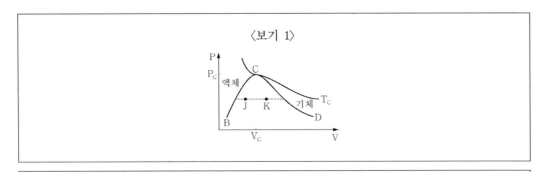

〈보기 2〉

㉠ K지점이 J지점보다 온도가 높다.
㉡ BCD곡선에서 왼쪽 절반(B에서 C)은 기화온도에서 포화액체를 나타낸다.
㉢ BCD 아래쪽은 기체와 액체의 혼합영역이다.
㉣ 점 C에서 액상과 증기상의 성질이 같기 때문에 서로 구별할 수 없다.

① ㉠, ㉡   ② ㉡, ㉢
③ ㉠, ㉡, ㉢   ④ ㉡, ㉢, ㉣

8 A성분 / B성분의 2성분계는 근사적으로 라울의 법칙을 따른다. 각 순수성분의 증기압은 75℃에서 $P_A^{sat} = 60kPa$이고 $P_B^{sat} = 40kPa$이다. 75℃에서 A성분 50mol%와 B성분 50mol%로 구성된 액체혼합물과 평형을 이루는 증기의 A성분 몰분율 조성은?

① 0.5   ② 0.6
③ 0.7   ④ 0.8

9 반응열에 대한 설명 중에서 옳은 것을 〈보기〉에서 모두 고른 것은?

〈보기〉

ㄱ 온도 T에서 $\triangle H_r(T)$의 값이 음이면 흡열반응임을 의미하고, 양이면 발열반응임을 의미한다.

ㄴ A → B에 대한 $\triangle H^\circ_r$는 2A → 2B에 대한 $\triangle H^\circ_r$ 값의 절반이다.

ㄷ 표준반응열은 반응에 참여하는 각 성분의 표준생성열로부터 계산할 수 있다.

---

① ㄱ, ㄴ

② ㄱ, ㄷ

③ ㄴ, ㄷ

④ ㄱ, ㄴ, ㄷ

---

7 ㄱ PV선도에서 J와 K를 지나는 온도의 그래프는 동일한 온도를 갖는다.

ㄴ BCD곡선에서 왼쪽 절반은 포화액체곡선이며, 오른쪽 절반은 포화증기곡선이다.

ㄷ BCD곡선 아래쪽은 기체와 액체의 혼합영역이다.

ㄹ T_C로 표시된 임계등온선은 둥근 곡선의 정상인 임계점 C에서 수평으로 변곡하게 되며 이 점에서 액상과 증기상의 성질이 같기 때문에 서로 구별할 수 없다.

8
이성분계 이상용액에서 기액평형일 때, 다음과 같은 식이 이용된다. $y_1 = \dfrac{x_1 P_1^*}{P_2^* + (P_1^* - P_2^*) x_1}$

(y_1 : 성분1의 기상몰분율, x_1 : 성분1의 액상 몰분율, P_1^* : 순수한 성분1의 증기압, P_2^* : 순수한 성분2의 증기압)

$\therefore\ y_1 = \dfrac{x_1 P_1^*}{P_2^* + (P_1^* - P_2^*) x_1} = \dfrac{60 \times 0.5}{40 + (60 - 40)0.5} = 0.6$

9 ㄱ 반응 엔탈피 부호가 양수면 흡열반응이고, 음수면 발열반응이다.

ㄴ 표준 반응 엔탈피는 반응계수가 2배가 되면 값도 2배가 된다. 따라서 옳은 설명이다.

ㄷ 표준 반응 엔탈피는 반응에 참여하는 각 성분의 표준 생성 엔탈피로 계산 가능하다. 즉 (생성물의 표준 생성 엔탈피 – 반응물의 표준 생성 엔탈피)의 식을 통해 값을 구할 수 있다.

정답 및 해설 **7.**④ **8.**② **9.**③

10 대기압이 1기압일 때, 압력이 큰 순서로 나열된 것은? (단, 다른 조건이 없으면 압력은 절대압이다.)

① $3 \times 10^7 \text{Pa} > 1\text{bar} > 2 \times 10^5 \text{N/m}^2 > 2.7\text{mH}_2\text{O} > 380\text{mmHg}$

② $2 \times 10^5 \text{N/m}^2 > 3 \times 10^7 \text{Pa} > 1\text{bar} > 12.7\text{psi} > 15\text{inHg}$

③ $3 \times 10^7 \text{Pa} > 2 \times 10^5 \text{N/m}^2 > 1\text{bar} > 1.5\text{mH}_2\text{O} > 12.7\text{psi}$

④ $3 \times 10^7 \text{Pa} > 2 \times 10^5 \text{N/m}^2 > 1\text{bar} > 12.7\text{psi} > 380\text{mmHg}$

11 12wt% $NaHCO_3$ 수용액 5kg을 50℃에서 20℃로 온도를 낮추어 결정화를 유도하였다. 이때 석출되는 $NaHCO_3$의 질량은? (단, 20℃에서 $NaHCO_3$의 포화 용해도는 9.6g$NaHCO_3$/100gH_2O으로 계산한다.)

① 0.4224kg   ② 0.1776kg
③ 0.6234kg   ④ 0.2010kg

12 기체 흡수탑에서 발생할 수 있는 현상 중 편류(Channeling)에 대한 설명은?

① 흡수탑에서 기체의 상승 속도가 높아서, 액체가 범람하는 현상
② 흡수탑 내에서 액체가 어느 한 곳으로 모여 흐르는 현상
③ 흡수탑 내에서 기상의 상승속도가 증가함에 따라, 각 단의 액상체량(Hold up)이 증가해 압력 손실이 급격히 증가하는 현상
④ 액체의 용질 흡수량 증가에 따라 증류탑 내부 각 단에서 증기의 용해열에 의해 온도가 상승하는 현상

13 메탄올 33mol%인 메탄올/물 혼합 용액을 연속증류하여 메탄올 99mol% 유출액과 물 97mol% 관출액으로 분리하고자 한다. 유출액 100mol/hr을 생산하기 위해 필요한 공급액의 양은?

① 300mol/hr

② 320mol/hr

③ 340mol/hr

④ 360mol/hr

10

㉠ $3 \times 10^7 \mathrm{Pa} \times \dfrac{1\mathrm{atm}}{101,325\mathrm{Pa}} \fallingdotseq 300\mathrm{atm}$

㉡ $1\mathrm{bar} \fallingdotseq 1\mathrm{atm}$

㉢ $2 \times 10^5 \mathrm{N/m^2} = 2 \times 10^5 \mathrm{Pa} \times \dfrac{1\mathrm{atm}}{101,325\mathrm{Pa}} \fallingdotseq 2\mathrm{atm}$

㉣ $2.7\mathrm{mH_2O} \times \dfrac{1\mathrm{atm}}{10.34\mathrm{m}} \fallingdotseq 0.26\mathrm{atm}$

㉤ $12.7\mathrm{psi} \times \dfrac{1\mathrm{atm}}{14.7\mathrm{psi}} \fallingdotseq 0.86\mathrm{atm}$

㉥ $380\mathrm{mmHg} \times \dfrac{1\mathrm{atm}}{760\mathrm{mmHg}} = 0.5\mathrm{atm}$

11 포화 용해도는 용매 100g에 최대로 녹을 수 있는 용질의 g수를 의미한다.

12wt% $NaHCO_3$ 수용액 5kg에 들어있는 용질은 $5\mathrm{kg} \times 0.12 = 0.6\mathrm{kg}$, 용매는 $5\mathrm{kg} - 0.6\mathrm{kg} = 4.4\mathrm{kg}$

포화 용해도 : $\dfrac{9.6\mathrm{gNaCO_3}}{100\mathrm{gH_2O}} = \dfrac{96\mathrm{gNaCO_3}}{1,000\mathrm{gH_2O}} = \dfrac{0.096\mathrm{kgNaCO_3}}{1\mathrm{kgH_2O}}$

∴ 석출되는 양 $=$ (50℃에 녹아있는 용질의 양) $-$ (20℃에 최대로 녹을 수 있는 용질의 양)

$$= 0.6\mathrm{kg} - \dfrac{0.096\mathrm{kgNaCO_3}}{1\mathrm{kgH_2O}}(\text{포화용해도}) \times 4.4\mathrm{kg}(\text{총·용·매량}) = 0.1776\mathrm{kg}$$

12 편류란 큰 충전탑에서 성능을 나쁘게 하는 요인중에 하나로서, 충전물 꼭대기에서 한번 분배된 액체가 모든 충전물 표면 위에 얇은 경막을 이루며 계속해서 탑 아래로 흘러 내려가야 하지만, 실제로는 경막이 어떤 곳에서 두꺼워지며, 어떤 곳에서는 얇아져서 액체가 작은 물줄기로 모여 어느 한쪽의 경로를 따라 충전물을 통해 흘러 접촉불량을 야기하는 현상을 의미한다.

13 질량보존의 법칙을 적용하여 문제를 해결한다. 따라서 메탄올 기준으로 식을 세우면 다음과 같다.

∴ 메탄올의 입량 = 메탄올의 출량, $F \times 0.33 = 100\mathrm{mol/h} \times 0.99 + (F-100)\mathrm{mol/h} \times 0.03$ (F는 공급량)

$\Rightarrow 0.3F = 96\mathrm{mol/h}$ ∴ $F = 320\mathrm{mol/h}$

정답 및 해설 10.④ 11.② 12.② 13.②

14 친전자성 방향족 치환반응이 가장 잘 일어나는 물질은?

① CH₃ — CH_3 (벤젠고리)

② CHO (벤젠고리)

③ CN (벤젠고리)

④ Br (벤젠고리)

15 생쥐는 20kPa(절대압력) 압력까지 생존할 수 있다. 〈보기 1〉에서 보인 것처럼 탱크에 연결된 수은 마노미터의 읽음이 60cmHg이고 탱크외부의 기압은 100kPa이다. 옳은 것을 〈보기 2〉에서 모두 고른 것은? (단, 80cmHg = 100kPa로 계산한다.)

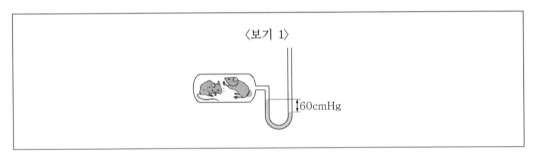

〈보기 1〉

60cmHg

〈보기 2〉

㉠ 탱크 내 압력이 대기압보다 낮다.
㉡ 생쥐가 생존할 수 있다.
㉢ 탱크 내 절대 압력이 60cmHg이다.
㉣ 마노미터의 수은을 물로 교체하여도 마노미터 읽음이 60cm로 변화 없다.

① ㉠, ㉡

② ㉡, ㉢

③ ㉢, ㉣

④ ㉠, ㉡, ㉢

16 〈보기〉는 가스 A, B, C의 세 성분으로 된 기체혼합물의 분석치이다. 이때 성분 B의 분자량은?

〈보기〉

A. 40mol%(분자량 40)

B. 20wt%

C. 40mol%(분자량 60)

① 30 ② 40

③ 50 ④ 60

---

14 벤젠구조의 1번 탄소 자리에 치환기가 전자를 잘 끌어당기는 성질을 가질수록 친전자성 방향족 치환반응이 잘 일어나지 않는다. 따라서 치환기에 카복실기, 알데하이드, 나이트릴, 할로겐족 원소 등의 구조가 있는 경우 1번 탄소의 전자를 끌어당기려고 하기 때문에 반응이 잘 일어나지 않는다.

15 ㉠ 탱크 내 압력+60cmHg의 수은기둥=대기압 이므로 탱크 내 압력은 대기압보다 낮다.

ㄴ 80cmHg = 100kPa이므로 60cmHg = 75kPa(비례식 이용)이다. 따라서 탱크 내 압력 = 대기압 − 수은기둥이므로 100kPa − 75kPa = 25kPa이다. 따라서 생쥐는 생존 가능하다.

ㄷ 탱크 내 절대 압력은 100kPa − 75kPa = 25kPa이다.

ㄹ 수은과 물은 밀도가 서로 다르다. 따라서 물로 교체하면 마노미터의 눈금은 변한다.

16

성분	몰분율	질량분율	질량	분자량
A	40mol%	−	x	40g/mol
B	20mol%	20wt%	z	?
C	40mol%	−	y	60g/mol

• A와 C의 질량은 몰분율×분자량을 통해 구할 수 있다. ∴ $x = 0.4 \times 40 = 16g$, $y = 0.4 \times 60 = 24g$

• B의 질량은 질량분율을 구하는 식을 통해 구할 수 있다. ∴ $\dfrac{z}{16g + z + 24g} = 0.2 \Rightarrow z = 10g$

• B의 분자량은 질량÷몰분율을 통해 구할 수 있다. ∴ $10/0.2 = 50g/mol$

정답 및 해설 14.① 15.① 16.③

17 외측이 반경 r_1, 내측이 반경 r_2인 쇠구슬이 있다. 구의 안쪽과 표면의 온도를 각각 T_1℃, T_2℃라고 할 때 이 구슬에서의 열손실[kcal/h] 계산식은? (단, 구벽의 재질은 일정하며 열전도도는 k_{av}[kcal/m · h · ℃]로 일정하다.)

① $4\pi k_{av}(T_1 - T_2)/(r_1 - r_2)$

② $4\pi k_{av}\ln(T_1/T_2)/\ln(r_1/r_2)$

③ $4\pi k_{av}(T_1 - T_2)/\ln(r_1/r_2)$

④ $4\pi k_{av}(T_1 - T_2)/(1/r_1 - 1/r_2)$

18 800kg/h의 유속으로 각각 50wt% 벤젠과 자일렌의 혼합 용액이 유입되어 벤젠은 상층에서 300kg/h, 자일렌은 하층에서 350kg/h로 분리되고 있다. 이때 상층에 섞여있는 자일렌(q_1)과 하층에 섞여있는 벤젠(q_2)의 유속은?

	q_1	q_2
①	60kg/h	90kg/h
②	90kg/h	60kg/h
③	50kg/h	100kg/h
④	100kg/h	50kg/h

19 비중이 0.8인 액체가 나타내는 압력이 2.4kg$_f$/cm^{2}일 때, 이 액체의 높이는?

① 10m　　　　　　　　② 20m

③ 30m　　　　　　　　④ 40m

20 DNA(Deoxyribonucleic acid)에 대한 설명으로 옳은 것을 〈보기〉에서 모두 고른 것은?

<보기>
㉠ 단백질 합성에 참여한다.
㉡ 유전정보를 저장 및 보존한다.
㉢ DNA 복제는 핵산조각인 프라이머를 필요로 한다.
㉣ 많은 DNA들이 단일가닥이다.

① ㉠, ㉡
② ㉡, ㉢
③ ㉠, ㉢, ㉣
④ ㉡, ㉢, ㉣

---

17 열전도에 대한 식은 다음과 같다. $\dot{q} = -Ak\dfrac{dT}{dx}$

면적 A는 $4\pi r^2$이며, 경계조건이 T_1일 때 r_1, T_2일 때 r_2이다.

$$\therefore \dot{q} = -Ak\frac{dT}{dx} = -4\pi r^2 k_{av}\frac{dT}{dr} \Rightarrow -4\pi k_{av}\int_1^2 r^2\frac{dT}{dr} = 4\pi k_{av}\frac{(T_1 - T_2)}{\left(\dfrac{1}{r_1} - \dfrac{1}{r_2}\right)}$$

18 질량보존의 법칙을 적용하여 문제를 해결한다. 벤젠과, 자일렌의 각 물질수지식을 세우면 다음과 같다.
- 벤젠의 입량＝(상층부의 벤젠 출량)+(하층부의 벤젠 출량) ⇒ $400\text{kg/h} = 300\text{kg/h} + q_2$
- 자일렌의 입량＝(상층부의 자일렌 출량)+(하층부의 자일렌 출량) ⇒ $400\text{kg/h} = q_1 + 350\text{kg/h}$

$\therefore q_1 = 50\text{kg/h}, \ q_2 = 100\text{kg/h}$

19 압력 = 밀도×중력가속도×높이 식을 활용한다. (단, 압력의 단위가 kg_f인 경우는 중력가속도를 제외한다.)

밀도 : 비중×물의밀도 $= 0.8 \times 1{,}000\text{kg/m}^3 = 800\text{kg/m}^3$

$\therefore 2.4\text{kg}_f/\text{cm}^2 \times \dfrac{(100\text{cm})^2}{1\text{m}^2} = 800\text{kg/m}^3 \times 높이 \Rightarrow 높이 = 30\text{m}$

20 ㉠ 단백질 합성에 참여하는 것은 mRNA, tRNA, 리보솜, 아미노산이다.
㉡ DNA에는 생물의 유전정보가 담겨 있다.
㉢ DNA복제에서 먼저 이중가닥을 분리시키는 Helicase 효소가 이용되고, 이후 Primase(프라이머) 효소에 의하여 복제가 된다.
㉣ DNA는 이중나선 구조를 가진다.

정답 및 해설 **17.**④ **18.**③ **19.**③ **20.**②

1 표면장력(surface tension)의 단위는?

① Pa

② N

③ $J \cdot m^{-2}$

④ $Btu \cdot ft^{-1}$

2 여과에 대한 설명으로 옳지 않은 것은?

① 여과란 고체입자를 포함하는 유체가 여과매체(filtering medium)를 통과하게 하여 고체를 퇴적시킴으로써 유체로부터 고체입자를 분리하는 조작이다.

② 여과기는 여과매체 상류측의 압력을 대기압보다 낮게 하여 조작하거나 하류측을 가압하여 조작한다.

③ 셀룰로스, 규조토와 같은 여과조제(filter aid)를 첨가하는 방식으로 급송물을 처리하여 여과속도를 개선한다.

④ 여과 중에 여과매체가 막히거나 케이크가 형성됨에 따라 시간이 지날수록 흐름에 대한 저항이 증가하게 된다.

3 매 분기 일정한 금액을 상각하여 감가상각 기초가액을 내용연수 동안 균등하게 할당하는 감가상각방법은?

① 정액법

② 생산량 비례법

③ 정률법

④ 연수합계법

4 이상용액에 대한 설명으로 옳은 것만을 모두 고르면?

> ㉠ 라울(Raoult)의 법칙이 적용된다.
> ㉡ 용매와 용질 간의 인력이 없다고 가정한다.
> ㉢ 활동도계수(activity coefficient)가 1이다.
> ㉣ 물과 헥세인(hexane) 혼합물은 이상용액에 가깝다.

① ㉠, ㉢   ② ㉠, ㉣

③ ㉡, ㉢   ④ ㉡, ㉣

---

1 $\text{표면장력} = \dfrac{\text{표면을 만드는데 필요한 에너지}(J)}{\text{면적}(m^2)} = \dfrac{J}{A} = \dfrac{N}{m}$

2 ① 여과란 고체입자를 포함하는 유체가 여과매체를 통과하게 하여 고체를 퇴적시킴으로써 유체로부터 고체입자를 분리하는 조작이다.
　② 여과기는 여과매체 하류측의 압력을 대기압보다 낮게 하여 조작하거나 상류측을 가압하여 조작한다.
　③ 셀룰로스, 규조토와 같은 여과조제를 첨가하여 케이크가 형성되는 것을 지연시키거나 방해하여 여과속도를 개선한다.
　④ 여과 중에 여과매체가 막히거나 케이크가 형성될시 시간이 지날수록 케이크의 두께가 커지고 이는 유체의 흐름에 저항을 하는 역할로 작용한다.

3 정액법은 감가상각비 총액을 각 사용연도에 할당하여 해마다 균등하게 감가하는 방법이다.
　$\text{감가상각비} = \dfrac{\text{취득원가} - \text{잔존가치}}{\text{추정내용연수}}$

4 ㉠ 라울의 법칙과 헨리의 법칙이 모두 적용된다.
　㉡ 용매와 용매, 용질과 용질, 용매와 용질의 인력이 모두 비슷한 경우에 해당된다.
　㉢ 이상용액은 활동도계수를 1을 기준으로 하고 이에 벗어나는 정도에 따라 실제용액으로 반영한다.
　㉣ 이상용액은 비슷한 분자량의 직쇄탄화수소들과 같이 유사 물질의 혼합물의 경우 이용된다.

정답 및 해설   1.③   2.②   3.①   4.①

5 그림과 같이 오리피스와 마노미터가 설치된 수평 원형관 내로 물이 흐른다. 유체의 압력차($P_1 - P_2$)가 0.441kgf · cm^{-2}일 때 마노미터 읽음(d)[cm]은? (단, 물의 밀도는 1g · cm^{-3}, 마노미터 유체인 수은의 밀도는 13.6g · cm^{-3}, P_1은 지점 ①에서의 압력, P_2는 지점 ②에서의 압력, 1kgf=9.8N이다)

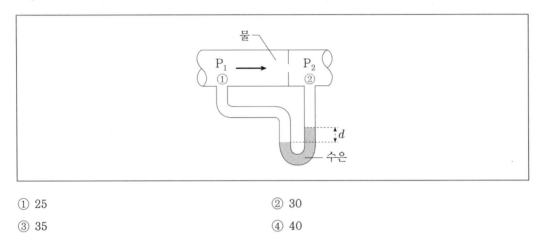

① 25

② 30

③ 35

④ 40

6 정상상태에서 운전되는 이상적인 연속교반탱크형 반응기(Continuous Stirred Tank Reactor, CSTR)에 대한 설명으로 옳지 않은 것은?

① 원료가 반응기에서 완전 혼합되어 균일한 상태를 갖는다.

② 반응기에서 나가는 흐름은 반응기 내의 유체와 동일한 조성을 갖는다.

③ 반응기 내의 위치에 따른 농도 변화는 없다.

④ 반응기 내의 농도가 배출 흐름의 농도보다 높게 유지된다.

7 미지의 금속 이온 M^{2+}를 전기화학공정을 이용하여 도금하고자 한다. 10A의 전류를 9,650초 동안 흘려주었을 때 100g이 도금되었다면 금속의 원자량은? (단, 1F(패러데이)=96,500C이다)

① 50

② 100

③ 150

④ 200

8 단면이 원형인 매끈한 배관에서 뉴튼 유체(Newtonian fluid)가 흐를 때, 레이놀즈(Reynolds) 수의 증가와 관련하여 옳은 것만을 모두 고르면?

> ㉠ 관성력에 비해 점성력이 상대적으로 증가한다.
> ㉡ 유체의 평균 유속, 밀도, 관의 지름이 같다면 점도가 감소할수록 레이놀즈 수가 증가한다.
> ㉢ 난류에서 층류로 전이가 일어남에 따라 레이놀즈 수가 증가한다.

① ㉠

② ㉡

③ ㉠, ㉡

④ ㉡, ㉢

---

5 오리피스와 마노미터에서 관련된 식 $P_1 - P_2 = (\rho_{Hg} - \rho_{H_2O})gd$를 이용한다.

$$\therefore\ d = \frac{P_1 - P_2}{(\rho_{Hg} - \rho_{H_2O})g} = \frac{0.441\,\mathrm{kgf/cm^2}}{(13.6\,\mathrm{g/cm^3} - 1\,\mathrm{g/cm^3}) \times 980\,\mathrm{cm/s^2}} \times \frac{9.8\mathrm{N}}{1\mathrm{kgf}} \times \frac{1 \times 10^5 \mathrm{dyne}}{1\mathrm{N}} = 35\mathrm{cm}$$

6 반응기 내의 농도가 배출 흐름의 농도와 같게 유지된다. 즉 반응물의 조성이 시간에 따라 변화가 없는 정상상태 조작이므로, 균일하게 혼합되어 있으며, 위치에 따른 농도변화도 없다.

7 전기량 = 전류×시간이다. $\therefore\ q = I \times t = 10\mathrm{A} \times 9{,}650\mathrm{s} = \frac{10\mathrm{C}}{\mathrm{s}} \times 9{,}650\mathrm{s} = 96{,}500\mathrm{C}$, $1\mathrm{F} = \frac{96{,}500\mathrm{C}}{96{,}500\mathrm{C}}$

2가 금속이므로 2F를 흘려주었을 때 1mol의 도금이 석출된다. 따라서 1F를 흘려주면 0.5mol이 석출된다.

$\therefore$ 1F에 0.5mol 도금된 양이 100g이므로 1mol의 질량은 200g이다.

8 ㉠ 레이놀즈수(Ne) $= \dfrac{\text{관성력의 힘}}{\text{점성력의 힘}}$ 이므로 레이놀즈 수가 증가하면 관성력의 힘이 상대적으로 증가한다.

㉡ 레이놀즈수(Ne) $= \dfrac{\rho ud}{\mu}$ (ρ : 밀도, u : 유속, d : 직경, μ : 점도) 따라서 분자가 일정할 때 점도가 감소할수록 레이놀즈 수는 증가한다.

㉢ 난류에서 층류로 전이가 일어남에 따라 레이놀즈의 수는 감소한다.

정답 및 해설 5.③ 6.④ 7.④ 8.②

9 반응 A + 3B → C가 기초반응(elementary reaction)이라고 할 때, A의 반응속도는 다음과 같이 표시된다. 농도의 단위가 mol · L^{-1} 일 때, 반응속도상수 k의 단위는? (단, $f(C_A, C_B)$은 A와 B의 농도의 함수이다)

$$-r_A = k \cdot f(C_A, C_B)$$

① $\dfrac{\text{mol}}{\text{L} \cdot \text{s}}$

② $\dfrac{\text{L}^2}{\text{mol}^2 \cdot \text{s}}$

③ $\dfrac{\text{mol}^3}{\text{L}^3 \cdot \text{s}}$

④ $\dfrac{\text{L}^3}{\text{mol}^3 \cdot \text{s}}$

10 메탄올과 에탄올의 혼합물이 기-액평형 상태에 있다. 특정온도에서 메탄올의 증기압은 780mmHg이고, 에탄올의 증기압은 480mmHg이다. 같은 온도에서 혼합물의 전압이 660mmHg일 때, 액상에 존재하는 에탄올의 몰분율은? (단, 기상은 이상기체이고 액상은 이상용액이다)

① 0.4

② 0.5

③ 0.6

④ 0.7

11 피스톤/실린더 장치 내에서 1mol의 공기가 1m^{3}의 초기부피로부터 5m^{3}의 최종상태로 가역팽창할 때, 공기에 의해 행해진 일의 절대값[J]은? (단, P는 압력, V는 몰부피일 때, 공기는 PV =5J · mol^{-1}의 관계를 만족하며 변한다)

① 4

② 20

③ 5 ln5

④ 10 ln5

12 물, 얼음, 수증기가 동시에 공존하는 계의 자유도는?

① 0

② 1

③ 3

④ 4

---

9 반응속도의 단위는 $mol/L \cdot s$ 이다. 그리고 반응속도식 $-r_A = k[A][B]^3$ 에서 각 $[A], [B]$ 는 농도이므로 단위는 mol/L 이다.

∴ 반응속도 상수의 단위는 다음과 같다. k의 단위 $= \dfrac{mol/L \cdot s}{(mol/L)^4} = \dfrac{L^3}{mol^3 \cdot s}$

10 라울의 법칙을 이용한다. ∴ $P = x_A P_A^* + (1-x_A)P_B^*$

(P : 전압, P_A^* : 순수한 에탄올을 증기압, P_B^* : 순수한 메탄올의 증기압 x_A : 에탄올의 액상 몰분율)

∴ $P = x_A P_A^* + (1-x_A)P_B^* \Rightarrow 660mmHg = x_A 480mmHg + (1-x_A)780mmHg \Rightarrow x_A = 0.4$

11 $\dfrac{PV}{n} = 5 = RT$ 에서 이상기체상수는 정해진 값이 있기 때문에 등온과정으로 볼 수 있다.

∴ 등온과정에 의한 일 $W = -RT\ln\dfrac{V_2}{V_1} = -5\ln\dfrac{5}{1} \Rightarrow 5\ln 5$ (∵ 절대값이라는 조건을 주었기 때문)

12 깁스상률 : $F = 2 - \pi + N$ (F : 계의자유도, π : 상의 수, N : 화학종의 수)

상의 수 : 기체, 액체, 고체

화학종의 수 : H_2O 1개

∴ $F = 2 - 3 + 1 = 0$

13 비열이 일정한 이상기체의 엔트로피 변화에 대한 설명으로 옳지 않은 것은?

① 등온과정에서 엔트로피 변화는 압력이 증가함에 따라 증가한다.
② 정압과정에서 엔트로피 변화는 온도가 증가함에 따라 증가한다.
③ 정적과정에서 엔트로피 변화는 압력이 증가함에 따라 증가한다.
④ 정적과정에서 엔트로피 변화는 온도가 증가함에 따라 증가한다.

14 물질 X는 질량비로 48%의 C, 8%의 H, 28%의 N, 16%의 O를 포함하며, 몰질량은 200g · mol^{-1}이다. X의 분자식은? (단, C, H, N, O의 원자량은 각각 12, 1, 14, 16이다)

① $C_4H_8N_2O$
② $C_8H_{16}N_4O_2$
③ $C_{12}H_{24}N_6O_3$
④ $C_{16}H_{32}N_8O_4$

15 수평 원형관을 통한 유체흐름이 Hagen-Poiseuille식을 만족할 때 관의 반지름이 2배로 커지면 부피유량의 변화는? (단, 흐름은 정상상태이며 유체의 점도와 단위 길이당 압력강하는 일정하다)

① 4배 커진다.
② 8배 커진다.
③ 16배 커진다.
④ 32배 커진다.

16 다음 화합물 중 물에 녹지 않는 염은?

① $PbSO_4$

② $(NH_4)_3PO_4$

③ $Ba(OH)_2$

④ Li_2CO_3

---

13 ① 등온과정 : $\Delta S = -R \int_{P_1}^{P_2} \dfrac{dP}{P} = R\ln\dfrac{P_1}{P_2}$ 따라서 압력이 증가함에 따라 감소한다.

② 정압과정 : $\Delta S = C_P \int_{T_1}^{T_2} \dfrac{dT}{T} = C_P\ln\dfrac{T_2}{T_1}$ 따라서 온도가 증가함에 따라 증가한다.

③ 정적과정 : $\Delta S = C_V \int_{T_1}^{T_2} \dfrac{dT}{T} = C_V\ln\dfrac{T_2}{T_1}$, $PV = nRT$ 압력이 증가하면 온도가 증가하는 관계이므로 따라서

압력이 증가함에 따라 엔트로피는 증가한다.

④ 정적과정 : $\Delta S = C_V \int_{T_1}^{T_2} \dfrac{dT}{T} = C_V\ln\dfrac{T_2}{T_1}$, 따라서 온도가 증가함에 따라 증가한다.

14 물질 X가 1mol에 200g이 존재하므로 질량을 200g으로 설정한다.
- 탄소의 몰수 : $200g \times 0.48 \div 12g/mol = 8mol$
- 수소의 몰수 : $200g \times 0.08 \div 1g/mol = 16mol$
- 질소의 몰수 : $200g \times 0.28 \div 14g/mol = 4mol$
- 산소의 몰수 : $200g \times 0.16 \div 16g/mol = 2mol$
∴ 물질 X의 분자식은 각 원소의 개수로 나타낼 수 있으므로 $C_8H_{16}N_4O_2$ 이다.

15 Hagen-Poiseuille식을 유량에 대해 나타낸 식은 다음과 같다. $Q = \dfrac{\Delta P\pi d^4}{128L\mu}$

∴ 관의 반지름이 2배로 커지면 $Q \propto d^4$ 이므로 16배 증가한다.

16 ① $PbSO_4$: 흰색의 고체 침전물로 형성된다.

② $(NH_4)_3PO_4 : 3(NH_4)^+ + PO_4^{3-}$

③ $Ba(OH)_2 : Ba^{2+} + 2(OH)^-$

④ $Li_2CO_3 : 2Li^+ + CO_3^{2-}$

17 물이 관 내부를 흐르고 SI단위계(m, kg, s)로 계산한 레이놀즈(Reynolds) 수가 100일 때, 영국단위계(ft, lb, s)로 계산한 레이놀즈 수는? (단, 1ft=0.3048m, 1lb=0.4536kg이다)

① 100
② 387
③ 1,800
④ 3,217

18 1×10^6kW 용량으로 건설된 발전소에서 스팀은 600K에서 생산되며, 발생되는 열은 300K인 강물로 제거되고 있다. 만약 발전소의 실제 열효율이 도달 가능한 최대 열효율 값의 80%라면 강물로 제거되는 열[kW]은?

① 5×10^5
② 5.5×10^5
③ 1.0×10^6
④ 1.5×10^6

19 기체의 압축인자 Z에 대한 설명으로 옳지 않은 것은? (단, V^r는 실제 기체의 몰부피, V^{ig}는 이상기체의 몰부피이다)

① 이상기체의 압축인자는 1이다.
② 압력이 0에 수렴할수록 Z의 값은 1에 가까워진다.
③ $Z = \dfrac{V^{ig}}{V^r}$으로 정의된다.
④ Z의 1로부터의 벗어남은 이상적 행동으로부터 벗어나는 정도의 척도가 된다.

20 세 층의 단열재로 보온한 벽이 있다. 내부로부터 두께가 각각 150mm, 60mm, 400mm이고, 열전도도(thermal conductivity)는 0.15kcal · m^{-1} · h^{-1} · ℃$^{-1}$, 0.03kcal · m^{-1} · h^{-1} · ℃$^{-1}$, 8kcal · m^{-1} · h^{-1} · ℃$^{-1}$이다. 안쪽면의 온도가 640℃이고, 바깥면의 온도는 30℃일 때 단위면적당 열손실[kcal · m^{-2} · h^{-1}]은? (단, 각 층간에는 열적 접촉이 잘 되어 있어 각 층 사이의 계면에서는 온도강하가 없다)

① 100

② 200

③ 300

④ 400

---

17 레이놀즈수는 단위가 없는 무차원이다. 레이놀즈의 값은 단위가 바뀐다고 변하지 않는 값이다.

18 열 효율과 관련된 식을 적용한다. $\eta = \dfrac{|W|}{|Q_H|} = \dfrac{|Q_H| - |Q_C|}{|Q_H|} = 1 - \dfrac{|Q_C|}{|Q_H|} = 1 - \dfrac{T_C}{T_H}$

$\therefore \eta = 1 - \dfrac{T_C}{T_H} = 1 - \dfrac{300\text{K}}{600\text{K}} = 0.5 \Rightarrow \eta_{실제} = 0.5 \times 0.8 = 0.4$

$\Rightarrow \eta_{실제} = \dfrac{|W|}{|Q_H|} \Rightarrow |Q_H| = \dfrac{|W|}{\eta_{실제}} = \dfrac{10^6 \text{kW}}{0.4} = \dfrac{5}{2} \times 10^6 \text{kW}$

$\Rightarrow |W| = |Q_H| - |Q_C| \Rightarrow |Q_C| = |Q_H| - |W| = \dfrac{5}{2} \times 10^6 \text{kW} - 10^6 \text{kW} = \dfrac{3}{2} \times 10^6 \text{kW}$

19 ① 이상기체의 압축인자는 1이다. 따라서 이에서 벗어나는 정도에 따라 실제기체 상태를 예측한다.

② 온도가 높을수록 압력이 낮을수록 이상기체와 가까워진다. 따라서 압축인자는 1에 수렴한다.

③ 압축인자 $Z = \dfrac{V^r}{V^{ig}}$ 로 정의된다.

④ ①의 내용과 유사하게 압축인자가 1로부터 벗어나는 것은 이상적인 행동으로부터 벗어나는 정도의 척도와 같다.

20 연속식 다단 전도에 의한 열전달에 관련된 식은 다음과 같다. $\dfrac{q}{A} = \dfrac{T_1 - T_4}{\dfrac{L_A}{k_A} + \dfrac{L_B}{k_B} + \dfrac{L_C}{k_C}}$

($\dfrac{q}{A}$: 단위면적당 열손실, k : 열전도도, L : 두께, T : 온도)

$\therefore \dfrac{q}{A} = \dfrac{T_1 - T_4}{\dfrac{L_A}{k_A} + \dfrac{L_B}{k_B} + \dfrac{L_C}{k_C}} = \dfrac{640℃ - 30℃}{\dfrac{0.15\text{m}}{0.15\text{kcal/m} \cdot \text{h} \cdot ℃} + \dfrac{0.06\text{m}}{0.03\text{kcal/m} \cdot \text{h} \cdot ℃} + \dfrac{0.4\text{m}}{8\text{kcal/m} \cdot \text{h} \cdot ℃}} = 200\text{kcal/h} \cdot \text{m}^2$

정답 및 해설 17.① 18.④ 19.③ 20.②

1 파스칼(Pa)과 같은 압력 단위는?

① $\dfrac{kg}{m \cdot s^2}$

② $\dfrac{kg \cdot m^2}{s^2}$

③ $\dfrac{kg \cdot m^2}{s^3}$

④ $\dfrac{kg \cdot m}{s^2}$

2 다음 그래프는 등온 정압 조건에서 유체의 전단속도(shear rate)와 전단응력(shear stress)의 관계를 나타낸다. 4가지 유형(a~d) 중 유사가소성 유체(pseudoplastic fluid)는?

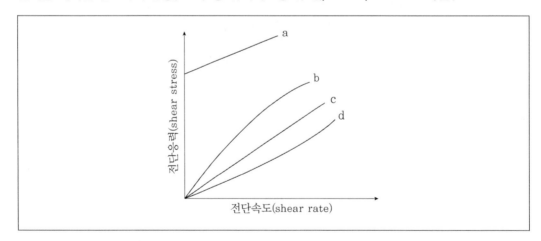

① a

② b

③ c

④ d

3 화학공장의 경제성 평가와 관련한 설명으로 옳지 않은 것은?

① 감가상각(depreciation)은 자산의 원가를 내용연수 동안 합리적이고 체계적인 방법으로 배분하는 과정이다.

② 정액법은 매 회계기간에 동일한 금액을 상각하는 감가상각 방법이다.

③ 투자자본수익률(Return on Investment)은 초기 투자비용 대비 매년 지출하는 비용의 비율이다.

④ 운전비용은 장치를 운전하고 공정을 운영하는 데 들어가는 비용으로 원료비, 유지보수 비용 등을 포함한다.

---

1 $Pa = \dfrac{N}{m^2} = \dfrac{kg \cdot m}{m^2 \cdot s^2} = \dfrac{kg}{m \cdot s^2}$

2 유사가소성 유체는 전단속도가 낮을 경우에는 점도가 큰 유체로 유지되다가, 전단속도가 빠르게 되면 점도가 낮아지는 유체를 말하는 것이다. (점도 = 전단응력/전단속도)

3 ① 감가상각은 시간의 흐름에 따른 자산의 가치 감소를 회계에 반영하는 것이다.
　　② 정액법은 매 회계기간에 동일한 금액을 상각하는 감가상각방법이다.
　　③ 투자자본수익률은 투자한 자본에 대한 수익의 비율을 말한다.
　　④ 운전비용은 장치를 운전하고 공정을 운영하는 데 들어가는 비용으로 원료비, 유지보수 비용, 운전 시 발생되는 에너지 비용 등을 포함한다.

정답 및 해설 1.① 2.② 3.③

4 어느 한 온도에서 기체분자가 고체표면에 흡착될 때, 압력에 따른 흡착분율(fractional coverage)의 변화를 흡착 등온식(adsorption isotherm)이라 한다. 다음 가정에 의해 얻어진 흡착 등온식은?

> - 표면이 단분자층으로 덮이면 더 이상 흡착되지 않는다.
> - 모든 흡착 자리는 동등하고 표면은 균일하다.
> - 흡착된 분자들 사이에는 어떠한 상호작용도 없으므로 분자의 어떠한 자리에 흡착되는 능력은 이웃 자리들의 점유와 무관하다.

① Langmuir 등온식　　　　　　　② BET 등온식
③ Temkin 등온식　　　　　　　　④ Freundlich 등온식

5 글루코오스($C_6H_{12}O_6$) 1몰의 완전연소 반응에 필요한 산소(O_2)의 몰수와 생성되는 이산화탄소(CO_2)의 몰수[mol]는?

	O_2	CO_2
①	3	3
②	3	6
③	6	3
④	6	6

6 비압축성 뉴튼 유체(Newtonian fluid)에 적용되는 나비에－스토크스(Navier-Stokes) 식에 포함되지 않는 항은?

① 위치에 따른 압력 변화
② 시간에 따른 전단응력 변화
③ 유체에 가해지는 중력
④ 시간에 따른 운동량 변화

7 다음은 어떤 화력발전소에서 배출하는 배기가스 성분의 몰 조성[mol %]이다.

질소(N_2) : 이산화탄소(CO_2) : 수분(H_2O) = 80 : 10 : 10

이를 질량 조성으로 환산하였을 때 혼합가스 중 이산화탄소의 함량[wt %]은? (단, 결과는 소수 둘째 자리에서 반올림하며, H, C, N, O의 원자량은 각각 1, 12, 14, 16이다)

① 13.4

② 14.4

③ 15.4

④ 16.4

---

4 Langmuir 등온흡착식의 가정

㉠ 표면이 단분자층으로 덮이면 더 이상 흡착되지 않는다.

㉡ 모든 흡착 자리는 동등하고 표면은 균일하다.

㉢ 흡착된 분자들 사이에는 어떠한 상호작용도 없으므로 분자의 어떠한 자리에 흡착되는 능력은 이웃 자리들의 점유와 무관하다.

5 글루코오스 완전연소 반응식 : $C_6H_{12}O_6 + 6O_2 \rightarrow 6H_2O + 6CO_2$

∴ 반응에 필요한 산소와 생성되는 이산화탄소 몰수는 각 6mol씩 이다.

6 비압축성 나비에 스토크스 방정식 : $\frac{\partial u}{\partial t} + (u \cdot \nabla u) - \nu \nabla^2 u = -\nabla w + g$

이 식을 통해서 위치에 따른 압력 변화, 시간에 따른 전단응력 변화, 유체에 가해지는 중력, 시간에 따른 운동량 변화 모두 포함된다. 그러나 뉴튼 유체인 경우에는 전단응력이 변하지 않는 상수로 바뀌기 때문에 시간에 따른 전단응력 변화는 포함되지 않는다.

7 몰분율×분자량 = 질량임을 이용한다.

질소의 질량 : $0.8 \times 28 = 22.4g$, 이산화탄소 질량 : $0.1 \times 44 = 4.4g$, 물의 질량 : $0.1 \times 18 = 1.8g$

∴ 이산화탄소 질량분율 : $\frac{4.4g}{22.4g + 4.4g + 1.8g} \times 100\% = 15.4\%$

정답 및 해설 4.① 5.④ 6.② 7.③

8 다음 설명 중 옳은 것만을 모두 고르면?

> ㉠ 증발(evaporation)은 용액에 혼합기체를 통과시켜 기체 속의 특정 성분을 액체 속으로 이동시켜 분리하는 조작이다.
> ㉡ 증류(distillation)는 혼합용액을 구성하는 성분들의 끓는점 차이를 이용하여 분리하는 조작이다.
> ㉢ 액체−액체 추출(liquid−liquid extraction)은 액체 혼합물에 용매를 가하여 원하는 성분을 선택적으로 분리하는 조작이다.
> ㉣ 흡착(adsorption)은 다공질 막을 이용하여 용액으로부터 저분자량의 용질이 농도가 낮은 영역으로 확산되도록 하여 선택적으로 분리하는 조작이다.

① ㉠, ㉡   ② ㉠, ㉢

③ ㉡, ㉢   ④ ㉡, ㉣

9 동점도(kinematic viscosity)에 대한 설명으로 옳지 않은 것은?

① 점도(μ)를 밀도(ρ)로 나눈 값($\frac{\mu}{\rho}$)을 동점도라 한다.

② 동점도는 $\frac{(길이)^2}{시간}$의 단위를 가진다.

③ 동점도의 단위는 물질확산계수(diffusivity)의 단위와 일치한다.

④ 동점도의 단위는 열전달계수(heat transfer coefficient)의 단위와 일치한다.

10 어떤 비압축성 액체가 단면적이 일정한 수평 원관을 흐를 때, 레이놀즈(Reynolds) 수에 따른 유체의 압력강하($\frac{\Delta P}{L}$)와 유속($\overline{V}$)의 관계는 다음과 같다.

레이놀즈 수(Re)	압력강하와 유속과의 관계
Re < 2,100	$\frac{\Delta P}{L} \propto \overline{V}$
2,500 < Re < 10^6	$\frac{\Delta P}{L} \propto \overline{V}^{1.8}$
Re > 10^6	$\frac{\Delta P}{L} \propto \overline{V}^2$

지름이 10cm인 수평 원관을 밀도 0.85g · cm^{-3}인 액체가 5cm · s^{-1}의 속도로 흐르며, 액체의 점도가 5cP이다. 이때, 부피유속을 두 배로 증가시키면 압력강하는 몇 배가 되겠는가? (단, L 은 배관의 길이, 1cP = 0.001Pa · s 이다)

① 2.0 ② 3.5
③ 4.0 ④ 4.5

---

8 ㉠ 증발 : 액체 표면에 있는 분자들이 분자 사이의 인력을 극복하고 떨어져 나와 기체로 되는 현상으로 액체를 기체로 변화시켜 특정 용액의 성분을 고체로 분리하는 조작이다.
㉡ 증류 : 혼합용액을 구성하는 성분들의 끓는점 차이를 이용하여 분리하는 조작
㉢ 액-액 추출 : 액체 혼합물에 용매를 가하여 원하는 성분을 선택적으로 분리하는 조작
㉣ 흡착 : 유체와 고체 또는 같은 유체끼리의 경계면에서 유체중의 특정 성분의 농도가 유체 내부의 농도와 다른 현상으로 반데르발스 힘이나 공유결합 등의 힘을 통해 특정성분의 물질을 분리하는 조작이다.

9 ① 동점도란 절대점도 혹은 점도를 밀도로 나눈 값이다.

② 점도의 차원은 질량/길이 · 시간, 밀도의 차원은 질량/(길이)^{3}이므로 $\frac{\text{질량/길이 · 시간}}{\text{질량/(길이)}^3} = \frac{(\text{길이})^2}{\text{시간}}$이다.

③ 물질확산계수의 단위는 cm^2/s이므로 옳은 설명이다.

④ 열전달계수의 단위는 W/m^2 · K이다. 따라서 옳지 않은 설명이다.

10 레이놀즈 수 : $\frac{\rho u d}{\mu}$ (ρ : 밀도, u : 평균유속, d : 관의직경, μ : 점도)

$\frac{\rho u d}{\mu} = \frac{0.85\text{g/cm}^3 \times 5\text{cm/s} \times 10\text{cm}}{0.05\text{g/cm · s}} = 850$이므로 층류이며, 압력강하와 유속과의 관계는 선형이다.

∴ 부피유속 : uA이므로 관의직경이 일정할 때 부피유속이 2배가 된다는 것은 유속이 2배가 된 것이다.
최종적으로 부피유속을 두 배로 증가시키면 압력강하는 2배가 된다. (또한 배관의 길이도 일정하다.)

정답 및 해설 8.③ 9.④ 10.①

11 수증기와 질소가 혼합된 가스와 액체상태의 물이 기액평형 상태에 있을 때 자유도는?

① 0   ② 1

③ 2   ④ 3

12 정상상태의 플러그 흐름 반응기(plug flow reactor)에서 반응기 내로 유입되는 시간당 반응물 A의 몰수를 F_{A_0}라 하고, 반응기 부피를 V로 할 때, $\dfrac{V}{F_{A_0}}$의 값을 반응물 A의 반응속도$(-r_A)$와 전화율(X_A) 그래프에서 면적으로 구할 수 있다. $\dfrac{V}{F_{A_0}}$을 나타낸 면적으로 옳은 것은?

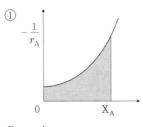

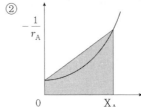

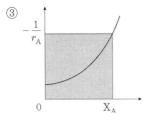

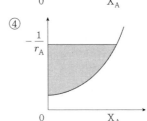

13 냉동(refrigeration)에 대한 설명으로 옳지 않은 것은?

① 증기-압축 냉동에서 증발기의 압력은 대기압보다 높아야 한다.

② 증기-압축 냉동에서 증발기로부터 나오는 증기상태의 냉매는 비휘발성인 용매(흡수제)에 의해 흡수된다.

③ Carnot 냉동기의 성능계수는 냉매와 무관하다.

④ 냉동기는 저온부에서 고온부로 열을 이동시키는 장치이다.

14 이중관 열교환기에서 유체 A가 질량유속 10,000lb · h⁻¹로 흐르며 200℉에서 140℉로 냉각된다. 이때 냉각에 사용된 유체 B는 주입온도 50℉에서 질량유속 5,000lb · h⁻¹으로 병류(cocurrent flow) 공급된다. 이 경우 로그평균 온도차(LMTD : logarithmic mean temperature difference)는 몇 ℉인가? (단, A와 B의 비열은 각각 0.5Btu · lb⁻¹ · ℉⁻¹와 1.2Btu · lb⁻¹ · ℉⁻¹이며, ln2=0.7, ln3=1.1, ln5=1.6으로 계산한다. 결과는 소수 첫째 자리에서 반올림한다)

① 55

② 65

③ 75

④ 85

---

11 깁스상률 : $F=2-\pi+N$ (F : 계의자유도, π : 상의 수, N : 화학종의 수)

상의 수 : 기체, 액체(총 2개)

화학종의 수 : 물, 질소(총 2개)

∴ $F=2-2+2=2$

12 PFR 반응기 설계식은 다음과 같다. $V=F_{A0}\int_0^X \dfrac{dX}{-r_A}$ ∴ $\dfrac{V}{F_{A0}}=\int_0^X \dfrac{dX}{-r_A}$

13 ① 냉동사이클에서의 최저압이 발생되는 곳이 증발기이다. 따라서 이 압력이 대기압보다 높아야 냉동기로 공기가 새어 들어오는 것을 막을 수 있다.

② 증발기로부터 나오는 증기상태의 냉매는 비휘발성인 용매에 의해 흡수되는 냉동과정은 흡수냉동을 말한다.

③ Carnot 냉동기의 성능계수는 냉매와 무관하다. 그러나 실제 냉동기의 성능계수는 냉매에 따라 어느 정도 달라진다.

④ 냉동기는 저온부에서 고온부로 열을 이동시켜 안쪽으로는 저온상태를 유지하고 바깥으로는 열을 배출하는 장비이다.

14 ㉠ 에너지 보존법칙 : $\dot{Q}=\dot{m}C_P\Delta T_h=\dot{m}C_P\Delta T_c$

⇒ 10,000lb/h×0.5Btu/lb×(200℉−140℉)=5,000lb/h×1.2Btu/lb×(x−50℉) ⇒ x=100℉

㉡ 대수평균 온도차 : $\Delta T_{lm}=\dfrac{\Delta T_1-\Delta T_2}{\ln(\dfrac{\Delta T_1}{\Delta T_2})}$ ($\Delta T_1=T_{h,in}-T_{c,in}$, $\Delta T_2=T_{h,out}-T_{c,out}$)

⇒ $\Delta T_{lm}=\dfrac{\Delta T_1-\Delta T_2}{\ln(\dfrac{\Delta T_1}{\Delta T_2})}=\dfrac{150℉-40℉}{\ln(\dfrac{150℉}{40℉})}=\dfrac{150℉-40℉}{\ln3+\ln5-2\ln2}=\dfrac{150℉-40℉}{1.1+1.6-2×0.7}≒85℉$

($\Delta T_1=T_{h,in}-T_{c,in}=200℉-50℉=150℉$, $\triangle T_2=T_{h,out}-T_{c,out}=140℉-100℉=40℉$)

정답 및 해설 11.③ 12.① 13.② 14.④

15 어느 다공성 고체의 공극률이 0.5이고 진밀도가 2.0g·cm⁻³일 때, 겉보기 밀도[g·cm⁻³]는?

(단, 겉보기 밀도 $= \dfrac{\text{고체질량}}{\text{전체부피}}$, 진밀도 $= \dfrac{\text{고체질량}}{\text{고체만의 부피}}$)

① 0.5　　　　　　　　　　　② 1.0

③ 1.5　　　　　　　　　　　④ 2.0

16 지름 1m인 개방된 물탱크에 높이 4m만큼 물을 채운 후, 바닥에 연결된 지름 1cm인 원관 배출구의 밸브를 열어 물을 배출한다. 배출되는 물의 부피유속이 초기 부피유속의 절반이 되었을 때 물탱크의 수위[m]는? (단, 배출관에서 마찰 손실은 무시한다)

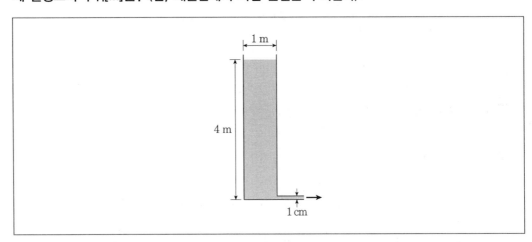

① 0.5　　　　　　　　　　　② 1

③ 2　　　　　　　　　　　　④ 3

17 열용량(heat capacity)에 대한 설명으로 옳지 않은 것은? (단, R은 보편 기체상수이다)

① 열용량은 어떤 물질의 온도를 1℃올리는 데 필요한 에너지의 양이다.

② 열용량은 세기성질(intensive property)이다.

③ 이상기체의 정압 몰 열용량(constant-pressure molar heat capacity, C_P)과 정적 몰 열용량(constant-volume molar heat capacity, C_V)의 차($C_P - C_V$)는 R이다.

④ 어떤 물질 1g의 열용량을 비열(specific heat capacity)이라고 한다.

---

15 공극률이 0.5라는 것은 공극으로 부피가 2배가 되었다는 의미이다.

$\therefore$ 겉보기밀도 $= \dfrac{1}{2} \times$ 진밀도 $= \dfrac{1}{2} \times 2.0\text{g/cm}^3 = 1.0\text{g/cm}^3$

16 에너지 보존법칙을 활용한다. 위치에너지 = 운동에너지 $\therefore \dfrac{1}{2}mv^2 = mgh \Rightarrow v = \sqrt{2gh}$

또한 부피유속은 uA(유속×면적)의 관계이므로, 면적이 동일하기 때문에 유속에만 연관된다.

㉠ 초기의 유속 : $v = \sqrt{2gh} = \sqrt{2 \times 9.8\text{m/s}^2 \times 4\text{m}} ≒ 8.85\text{m/s}$

㉡ 초기의 유속의 절반인 경우 : $8.85/2 = 4.425\text{m/s}$

$\therefore$ 초기의 부피유속의 절반일 때 높이 : $v = \sqrt{2gh} ≒ 4.425 \Rightarrow h = \dfrac{(4.425\text{m/s})^2}{2 \times 9.8\text{m/s}^2} ≒ 1\text{m}$

17 ① 열용량은 어떤 물질의 온도를 1℃ 올리는 데 필요한 에너지의 양이다.

② 열용량은 크기성질(extensive factor)이다.

③ 이상기체에서 $C_P - C_V = nR$, 혹은 $C_{P,m} - C_{V,m} = R$의 관계가 성립한다.

④ 비열은 단위 질량의 물질 온도를 1℃ 높이는데 필요한 열에너지를 말한다. 즉 어떤 물질 1g의 열용량과 같은 의미이다.

정답 및 해설 15.② 16.② 17.②

18 촉매의 기공을 통한 기체확산에서 다음과 같이 정의되는 무차원 수는?

$$\frac{\text{확산하는 화학종의 평균 자유경로}}{\text{기공지름}}$$

① Grashof 수

② Prandtl 수

③ Schmidt 수

④ Knudsen 수

19 블록 선도(block diagram)에 대한 설명으로 옳은 것은?

① 실제 공정의 각 요소들을 기능에 따라 블록으로 나타내고, 블록 간의 관계를 선으로 연결하여 공정을 표현한다.

② 엔지니어링 설계의 문서화에 있어 표준도구로 사용되고 펌프 및 압축기 같은 필요한 보조장치 및 모든 주요 처리 조업장치를 포함하며 파이프 라인의 크기, 재질 등을 기록한다.

③ 공정 흐름도(PFD: process flow diagram)에서 사용한 것과 동일한 번호와 문자로 각 흐름과 장치를 표기할 뿐만 아니라 수증기, 고압공기 등의 유틸리티 라인들과 장치명, 계측기 등을 도면에 포함한다.

④ 장비, 배관, 밸브 및 이음의 정보와 물질사양, 제어라인들을 도면에 나타내어 배관 계장도 (P&ID: piping and instrument diagram) 보다 상세한 공정의 정보를 제공한다.

20 순수한 A물질과 B물질로 구성된 혼합 용액이 기액평형을 이루고 있다. 80℃에서 순수한 A물질과 B물질의 증기압은 각각 700mmHg와 300mmHg이다. 80℃에서 A물질의 액상 몰 분율이 0.3일 때 혼합용액의 증기압[mmHg]은? (단, 용액은 라울의 법칙(Raoult's law)을 따른다)

① 210   ② 360

③ 420   ④ 540

18 크누센 수 : 분자의 평균이동행로를 유체가 있는 계의 특성 길이로 나눈 값이다.

19 ① 블록선도 : 실제 공정의 각 요소들을 기능에 따라 블록으로 나타내고, 블록간의 관계를 선으로 연결하여 공정을 표현한다.
② 엔지니어링 설계의 문서화에 있어 표준도구로 사용되고 펌프 및 압축기 같은 필요한 보조장치 및 모든 주요 처리 조업장치를 포함하며 파이프 라인의 크기, 재질 등을 기록 하는 상세한 작업은 블록선도에 해당되지 않는다.
③ PFD : 주요 프로세스 흐름을 간략히 표현, 밸브, 컨트롤, 보조라인 미기입, 기본적인 정보만 제공, 도면 하단에 흐름을 분류 표기
④ PID : 주요 프로세스 외 다양한 정보를 표현, 모든밸브, 컨트롤, 보조라인 표기, 구체적인 정보 제공, 정상적이고 안전한 운전을 위한 정보를 도면 하단에 표기

20 라울의 법칙 : $y_1 = x_1 P_1^*$ (y_1 : 기상의 몰분율, x_1 : 액상의 몰분율, P_1^* : 순수한 액체의 증기압)
∴ 혼합용액의 증기압 : $x_1 P_1^* + x_2 P_2^* = 0.3 \times 700\text{mmHg} + 0.7 \times 300\text{mmHg} = 420\text{mmHg}$

정답 및 해설 18.④ 19.① 20.③

1 1bar, 100℃의 액상의 물이 같은 온도에서 수증기로 상태의 변화가 있을 때 엔탈피[kJ/kg] 변화량으로 가장 가까운 값은? (단, 1bar, 100℃ 물과 수증기의 포화상태에서의 비 내부에너지(internal energy)는 각각 420kJ/kg, 2,500kJ/kg이며 수증기는 이상기체($R=0.46J/g \cdot K$)로 간주한다.)

① 2,080
② 2,252
③ 2,126
④ 2,034

2 수소와 질소가 정상상태에서 각각 100mol/min의 같은 유량으로 〈보기〉와 같이 암모니아를 만드는 반응기에 공급된다. 반응기 밖으로 나오는 암모니아의 유량이 50mol/min이라면 반응기에서 배출되는 기체의 총 유량[mol/min]은? (단, 조건 이외의 추가 유입물질과 유출물질은 없다.)

〈보기〉
$N_2 + 3H_2 \longrightarrow 2NH_3$

① 200
② 150
③ 100
④ 50

3 열역학에서 상태 함수(state function)가 아닌 것은?

① 일
② 엔탈피
③ 엔트로피
④ 내부에너지

4 어떤 버너가 효율적인 완전 연소를 위해 50% 과잉공기로 운전하도록 설계되었다. 버너에 메탄(CH_4)을 30L/min의 유량으로 공급한다면 공급해야할 공기의 유량[L/min]은? (단, 공기 중 산소의 농도는 20mol%로 가정한다.)

① 450

② 300

③ 90

④ 60

---

1 상태변화에 이용되는 에너지 변화 = 이상기체 수증기의 비 내부에너지 − 물의 비 내부에너지(동일온도, 압력 조건)
이상기체 수증기의 비 내부 에너지 = 수증기의 비 내부에너지 + 이상기체 고려한 에너지
∴ $2500kJ/kg + 0.46kJ/kg \cdot K \times 373K - 420kJ/kg ≒ 2,252kJ/kg$

2 질량보존의 법칙을 이용한다.
(반응기로 들어가는 입량)=(반응기로 나가는 출량)
• 입량 : 수소 100mol/min, 질소 100mol/min
• 출량 : 암모니아 50mol/min, x(나머지 기체 배출량)
∴ $100mol/min + 100mol/min = 50mol/min + xmol/min ⇒ x = 150mol/min$

3 ㉠ **상태함수** : 상태함수란 계의 상태에만 의존하고 현재 상태에 도달하기까지의 경로 즉 과정에는 무관한 함수, 대표적으로 엔탈피, 엔트로피, 내부에너지, 깁스에너지 등이 있다.
㉡ **경로함수** : 한 상태에서 다른 상태로 변화할 때 그 변화량이 과정의 경로에 따라 달라지는 함수, 대표적으로 일과 열이 있다.

4 메탄의 연소 반응식은 다음과 같다.
$CH_4 + 2O_2 \rightarrow 2H_2O + CO_2$
메탄과 산소가 반응하는 비율은 1:2 이다. 즉 30L/min의 메탄이 공급되면 완전 연소 시 필요한 산소는 60L/min 이다.
∴ 50% 과잉공급이며, 유입되는 물질은 산소가 아닌 공기이므로 최종적으로 공급해야하는 공기의 양은
$60L/min \times 1.5 \times \dfrac{1}{0.2} = 450L/min$

정답 및 해설 1.② 2.② 3.① 4.①

5 관 유동에서 Re(Reynolds number)가 1,600으로 계산되었다. Fanning 마찰계수(f_F)의 값은?

① $f_F = 0.000625$

② $f_F = 0.0025$

③ $f_F = 0.005$

④ $f_F = 0.01$

6 2성분계 혼합물을 상압에서 정류하고자 한다. 비점에서 정류탑에 공급되는 혼합 용액 중 휘발성 성분의 조성이 60mol%이고, 최소환류비가 0.8로 주어질 때 탑상 제품 중 휘발성 성분의 조성(x_D)은? (단, 휘발성 성분의 상대휘발도는 2로 일정하다.)

① $x_D = 0.75$

② $x_D = 0.81$

③ $x_D = 0.87$

④ $x_D = 0.93$

7 총압력 250kPa과 300K의 기체혼합물 1kmol에는 부피비로 20% CH_4, 30% C_2H_6 그리고 50% N_2를 포함하고 있다. 이들 기체의 절대속도는 모두 같은 방향(x방향)으로 각각 15m/s, −10m/s 그리고 −5m/s이다. 이 혼합기체의 몰평균 속도(molar average velocity)에 기준한 확산 플럭스 J_{CH_4}[mol/m$^2 \cdot$ s]로 가장 옳은 것은? (단, 기체상수 $R = 8.31$J/mol · K이다.)

① 351

② 301

③ 251

④ 201

8 전달함수가 $G(s) = \dfrac{1}{s^2 + 3s + 9}$ 로 주어지는 2차 제어시스템의 비례상수(gain, K_c), 시간상수 (time constant, τ)와 감쇠비(damping ratio, ξ)는?

① $K_c = \dfrac{1}{3}, \tau = \dfrac{1}{9}, \xi = \dfrac{1}{2}$ 　　　　② $K_c = \dfrac{1}{9}, \tau = \dfrac{1}{2}, \xi = \dfrac{1}{3}$

③ $K_c = \dfrac{1}{3}, \tau = \dfrac{1}{2}, \xi = \dfrac{1}{9}$ 　　　　④ $K_c = \dfrac{1}{9}, \tau = \dfrac{1}{3}, \xi = \dfrac{1}{2}$

---

5 관 유동에서 층류인 경우 Fanning 마찰계수는 다음과 같다. $f = \dfrac{16}{Re}$ $\therefore f = \dfrac{16}{Re} = \dfrac{16}{1600} = 0.01$

6 기상에 대한 공급액과 환류비에 관한 식을 이용하여 해결한다. $y_f = \dfrac{\alpha x_f}{(\alpha - 1)x_f + 1}$, $R_m = \dfrac{x_D - y_f}{y_f - x_f}$

- $y_f = \dfrac{\alpha x_f}{(\alpha - 1)x_f + 1} = \dfrac{2 \times 0.6}{(2 - 1) \times 0.6 + 1} = \dfrac{1.2}{1.6} = 0.75$ (α : 휘발도)

- $R_m = \dfrac{x_D - y_f}{y_f - x_f} = \dfrac{x_D - 0.75}{0.75 - 0.6} = 0.8$, $\therefore x_D = 0.87$

7 A의 확산플럭스 $= A$의농도 $\times A$의 상대속도, A의 상대속도 $= A$의절대속도 $-$ 평균속도를 이용한다.
(※ 이상기체 상태방정식 $PV = nRT$에서 온도와 압력이 일정하므로 부피비가 몰수비이다.)

㉠ 평균속도 $= \displaystyle\sum_{A}^{C}$ 절대속도 $\times$ 몰분율 $\Rightarrow 15\text{m/s} \times 0.2 - 10\text{m/s} \times 0.3 - 5\text{m/s} \times 0.5 = -2.5\text{m/s}$

㉡ A의 상대속도 $= A$의절대속도 $-$ 평균속도 $\Rightarrow 15\text{m/s} - (-2.5\text{m/s}) = 17.5\text{m/s}$

㉢ A의부피 $= \dfrac{nRT}{P} = \dfrac{1,000\text{mol} \times 8.31\text{J/mol} \cdot \text{K} \times 300\text{K}}{250 \times 10^3 \text{Pa}} = 9.972\text{m}^3$

㉣ A의농도 $= \dfrac{A\text{의몰수}}{A\text{의 부피}} = \dfrac{1,000 \times 0.2\text{mol}}{9.972\text{m}^3} = 20.06\text{mol/m}^3$

㉤ A의 확산플럭스 $= A$의농도 $\times A$의 상대속도 $\Rightarrow 20.06\text{mol/m}^3 \times 17.5\text{m/s} = 351\text{mol/m}^2 \cdot \text{s}$

8 2차 공정 전달함수의 일반적인 형태는 다음과 같다. $G(s) = \dfrac{Y(s)}{X(s)} = \dfrac{K}{\tau^2 s^2 + 2\tau\zeta s + 1}$

주어진 전달함수가 $G(s) = \dfrac{1}{s^2 + 3s + 9}$ 이므로 위의 형태와 맞추면 다음과 같다.

$\therefore G(s) = \dfrac{1}{s^2 + 3s + 9} = \dfrac{1/9}{\dfrac{1}{9}s^2 + \dfrac{1}{3}s + 1}$, $K = \dfrac{1}{9}$, $\tau^2 = \dfrac{1}{9} \Rightarrow \tau = \dfrac{1}{3}$, $2\tau\zeta = \dfrac{1}{3} \Rightarrow 2 \times \dfrac{1}{3}\zeta = \dfrac{1}{3} \Rightarrow \zeta = \dfrac{1}{2}$

정답 및 해설 5.④ 6.③ 7.① 8.④

9 〈보기〉의 카르노(Carnot) 엔진 사이클의 PV선도를 TS선도로 바르게 나타낸 것은?

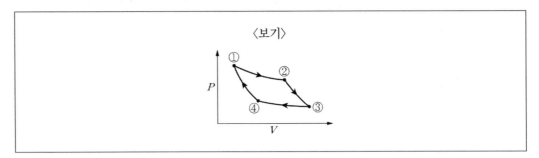

①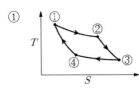

②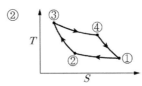

③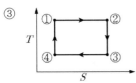

④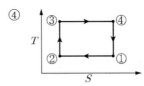

10 McCabe–Thiele 법으로 증류탑을 설계할 때, 이 탑의 어떤 단(n)에서 조작선의 식을 작도하였더니 〈보기〉와 같이 y절편이 $\dfrac{x_D}{R_D+1}$ 이었다. 이 조작선의 기울기(slope)는? (단, R_D는 환류비이다.)

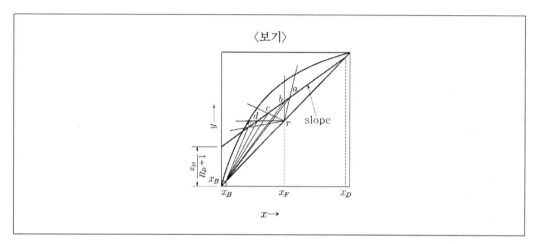

〈보기〉

① $\dfrac{R_D}{R_D+1}$

② $\dfrac{1}{R_D+1}$

③ $\dfrac{1}{R_D}$

④ 1

---

9 카르노 사이클은 가역 등온과정→단열팽창→가열 등온압축→단열 압축의 순서로 이루어진다.
따라서 이를 바탕으로 아래의 PV선도와 TS선도를 그리면 다음과 같다.

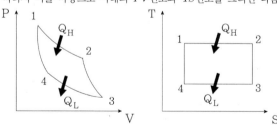

10 정류부 조작선 방정식 $y_{n+1} = \dfrac{R}{R+1}x_n + \dfrac{1}{R+1}x_D$ ($\dfrac{R}{R+1}$: 기울기, $\dfrac{1}{R+1}x_D$: y절편, R : 환류비)

∴ 조작선의 기울기는 $\dfrac{R}{R+1}$ 이 된다.

11 90℃에서 80mol% 벤젠과 20mol% 톨루엔이 혼합된 이상 용액이 기-액 평형에 있다고 할 때, 기상에서 톨루엔의 몰분율은? (단, 90℃에서 벤젠과 톨루엔의 증기압은 각각 $P^*_{벤젠}=900mmHg$, $P^*_{톨루엔}=400mmHg$이다.)

① 0.1　　　　　　　　　　　　② 0.3

③ 0.7　　　　　　　　　　　　④ 0.9

12 뉴턴 유체(Newtonian fluid)가 단면적이 $0.1m^2$인 원통형 관을 통해 층류(laminar flow)로 흐르고 있다. 이 유체의 최대 유속(maximum velocity)이 6cm/s일 때, 부피 유량[cm^3/s]은?

① 300　　　　　　　　　　　　② 600

③ 3,000　　　　　　　　　　　④ 6,000

13 〈보기〉와 같은 특징을 갖는 피드백제어기는?

〈보기〉

- 잔류편차(offset)를 0으로 만든다.
- 완만하고 긴 진동응답을 유발한다.
- 빠른 응답속도를 얻기 위해 비례이득(K_C)을 증가시키면 계는 더욱 진동하여 불안정해진다.

---

① 비례 제어기

② 비례 – 적분 제어기

③ 비례 – 미분 제어기

④ 비례 – 적분 – 미분 제어기

14 Prandtl수(Pr)에 대한 설명으로 가장 옳은 것은?

① Pr은 운동량확산계수에 대한 열확산계수의 비이다.

② Pr이 1보다 클 때 유체동역학적 층은 열경계 층보다 얇다.

③ 기체의 점도와 열확산계수는 온도에 따라 같은 율로 증가되기 때문에 기체의 Pr은 온도에 거의 무관하다.

④ 액상금속의 경우 기체나 액체에 비해 매우 높은 Pr을 갖는다.

11
이성분계 이상용액에서 기액평형일 때, 다음과 같은 식이 이용된다. $y_1 = \dfrac{x_1 P_1^*}{P_2^* + (P_1^* - P_2^*)x_1}$

(y_1 : 성분1의 기상몰분율, x_1 : 성분1의 액상 몰분율, P_1^* : 순수한 성분1의 증기압, P_2^* : 순수한 성분 2의 증기압)

$$\therefore\ y_1 = \frac{x_1 P_1^*}{P_2^* + (P_1^* - P_2^*)x_1} = \frac{400\mathrm{mmHg} \times 0.2}{900\mathrm{mmHg} + (400\mathrm{mmHg} - 900\mathrm{mmHg}) \times 0.2} = 0.1$$

12
부피유량=평균유속×면적의 식을 통해 구할 수 있다. 그리고 층류에서 평균유속 = 최대유속 $\times \dfrac{1}{2}$ 이다.

$$\therefore\ \dot{V} = 3\mathrm{cm/s} \times 0.1\mathrm{m}^2 \times \frac{(100\mathrm{cm})^2}{1\mathrm{m}^2} = 3{,}000\mathrm{cm}^3/\mathrm{s}$$

13
비례 – 적분 – 미분 제어기는 각각 오차값, 오차값의 적분, 오차값의 미분에 비례하기 때문에 이러한 명칭을 가진다. 이 세 개의 항들의 직관적인 의미는 다음과 같다.
- 비례항 : 현재 상태에서의 오차값의 크기에 비례한 제어작용을 한다. 오차가 0에 수렴하지 않는다.
- 적분항 : 정상상태 오차를 없애는 작용을 한다. 그러나 비례이득을 증가하면 파형이 불안정하다.
- 미분항 : 출력값의 급격한 변화에 제동을 걸어 오버슈트를 줄이고 안정성을 향상시킨다.
∴ 잔류편차를 0으로 만들며, 완만하고 긴 진동응답을 유발하며, 빠른 응답속도를 얻기 위해 비례이득을 증가시키면 계가 더욱 진동하여 불안정해지는 제어기는 비례 – 적분 제어기이다.

14
① $\mathrm{Pr} = \nu/\alpha = (\text{Momentum diffusivity})/(\text{Thermal diffusivity})$이므로 옳지 못한 설명이다.
② Pr이 1보다 클 때 유체동역학적 층은 열경계 층보다 두껍다.
③ $\mathrm{Pr} = \dfrac{C_p \mu}{k}$ 로 표현되기도 하며 점도와 열확산계수 모두 온도의 함수이기 때문에 기체의 Pr은 온도에 무관하다.
④ 액상금속보다 일반 기체나 액체가 훨씬 더 높은 Pr 값을 갖는다.

정답 및 해설 11.① 12.③ 13.② 14.③

15 5질량(wt)%의 NaOH 수용액 100g을 20질량(wt)%의 수용액으로 만들려고 한다. 증발된 물의 양[mol]으로 가장 가까운 것은? (단, NaOH과 물의 몰질량은 각각 40g/mol과 18g/mol이다.)

① 75

② 25

③ 4.2

④ 1.4

16 기초반응(elementary reaction)인 A→B 반응을 연속교반탱크반응기(CSTR)에서 진행하여 얻은 반응물A의 전화율은 60%이다. 동일한 조건에서 같은 크기의 플러그흐름반응기(PFR)에서 진행할 경우, 반응물 A의 전화율은? (단, $e^{-1.5}$=0.223으로 계산한다.)

① 22.3%

② 33.3%

③ 66.7%

④ 77.7%

17 비중이 1이고 점도가 1cP인 물이 내부 지름 2cm의 관속을 1m/s의 속도로 흐를 때 Re(Reynolds number)는?

① 2

② 20

③ 2,000

④ 20,000

18 열교환기에서 유체가 관다발에 직각으로 흐르는 흐름형태는?

① 향류흐름   ② 교차흐름

③ 병류흐름   ④ 다중통과흐름

---

15 ㉠ 5wt% NaOH 수용액의 용매와 용질 ⇒ 용매 : 95g, 용질 : 5g

㉡ 20wt% NaOH 수용액의 용매와 용질 ⇒ $\dfrac{5g}{xg+5g}=0.2 \Rightarrow x=20g \Rightarrow$ 용매 : xg, 용질 : 5g

∴ 증발된 물의 질량 : $95g-20g=75g$,   증발된 물의 몰수 : $\dfrac{75g}{18g/mol}=4.17mol$

16 ㉠ CSTR의 반응기 부피 : $V=\dfrac{F_{A0}X}{-r_A}=\dfrac{F_{A0}X}{kC_A}=\dfrac{F_{A0}X}{kC_{A0}(1-X)}=\dfrac{F_{A0}0.6}{kC_{A0}(1-0.6)}=1.5\times\dfrac{F_{A0}}{kC_{A0}}$

㉡ PFR의 반응기 부피 : $V=F_{A0}\displaystyle\int_0^X\dfrac{dX}{-r_A}=F_{A0}\int_0^X\dfrac{dX}{kC_{A0}(1-X)}=\dfrac{F_{A0}}{kC_{A0}}\int_0^X\dfrac{dX}{(1-X)}=-\dfrac{F_{A0}}{kC_{A0}}\ln(1-X)$

∴ 두 반응기 부피가 동일하므로 $V=1.5\dfrac{F_{A0}}{kC_{A0}}=-\dfrac{F_{A0}}{kC_{A0}}\ln(1-X) \Rightarrow -1.5=\ln(1-X)$

최종적으로 PFR의 전화율은 $X=1-e^{-1.5}=1-0.223=0.777 \Rightarrow 77.7\%$

17 레이놀즈 수 : $\dfrac{\rho ud}{\mu}$ (ρ : 밀도, u : 평균유속, d : 관의직경, μ : 점도)

∴ $\dfrac{\rho ud}{\mu}=\dfrac{1\times 1g/cm^3\times 100cm/s\times 2cm}{0.01g/cm\cdot s}=20,000$

18 한 유체가 관다발에 직각으로 흐르는 경우를 교차흐름으로 지칭한다. 대표적으로 자동차 방열기, 가정용 냉동기 내 응축기 등이 있다.

정답 및 해설   15.③   16.④   17.④   18.②

19 높이 2m, 지름 2m인 원통형 탱크에 깊이 1m까지 물이 차 있다. 탱크 위에 지름 2cm의 관을 접속시켜서 평균 유속 1m/s로 들여보낸다면 탱크를 채우는 데 걸리는 시간은?

① 314초

② 31,400초

③ 3,140초

④ 10,000초

20 각 성분의 생성 Gibbs에너지(ΔG_f^o)가 〈보기〉와 같다면 298K에서 메탄가스(CH₄)의 연소반응에 대한 반응 Gibbs에너지(reaction Gibbs energy, ΔG_r^o) 및 이 반응의 자발성에 대한 설명으로 가장 옳은 것은?

〈보기〉

$$CH_4(g) + 2O_2(g) \rightarrow CO_2(g) + 2H_2O(l)$$

성분	$CH_4(g)$	$O_2(g)$	$CO_2(g)$	$H_2O(l)$
ΔG_f^o(kJ/mol)	−51	0	−394	−237

① ΔG_r^o = −817kJ/mol, 자발적인 반응

② ΔG_r^o = −817kJ/mol, 비자발적인 반응

③ ΔG_r^o = 817kJ/mol, 자발적인 반응

④ ΔG_r^o = 817kJ/mol, 비자발적인 반응

19 ㉠ 채워야 하는 물의 양 : $\pi r^2 h \Rightarrow \pi \times (1\text{m})^2 \times 1\text{m} = \pi \text{m}^3$ (원통형 탱크에 1m가 이미 채워져 있기 때문)

㉡ 관을 통해 나오는 부피유량 : $uA \Rightarrow u\pi r^2 \Rightarrow 1\text{m/s} \times \pi \times (0.01\text{m})^2 = 1 \times 10^{-4} \pi \text{m}^3/\text{s}$

∴ 탱크를 채우는 데 걸리는 시간 : $\dfrac{\text{부피}}{\text{부피유량}} = \dfrac{\pi\text{m}^3}{1 \times 10^{-4} \pi \text{m}^3/\text{s}} = 10,000\text{s}$

20 반응Gibbs에너지 $= \sum$ 생성물의 $\Delta G_f^{\,0} - \sum$ 반응물의 $\Delta G_f^{\,0}$

∴ $-2 \times 237\text{kJ/mol} - 394\text{kJ/mol} - (-51\text{kJ/mol}) = -817\text{kJ/mol}$

또한 깁스에너지 값이 음수일 경우는 자발적인 반응, 양수일 경우는 비자발적인 반응이다.

정답 및 해설   19.④   20.①

1 농도에 대한 설명으로 옳지 않은 것은?

① 질량농도는 단위 부피의 용액에 들어있는 용질의 질량이다.

② 1ppb는 1,000ppm이다.

③ 몰농도는 용액 1L에 들어있는 용질의 몰수다.

④ 몰랄농도는 용매 1kg당 용질의 몰수다.

2 유체에 대한 설명으로 옳은 것은?

① 전단응력(shear stress)은 전단력(shear force)과 전단면적을 곱한 값이다.

② 동점도(kinematic viscosity)는 유체의 밀도를 절대점도로 나눈 값이다.

③ 뉴튼 유체(Newtonian fluid)의 점도는 전단변형률 크기에 무관하다.

④ 뉴튼 유체가 원관 속을 흐를 때 레이놀즈(Reynolds) 수가 2,000 이하면 난류(turbulent flow)이다.

3 연속식 반응기와 비교할 때 회분식 반응기의 특징으로 옳지 않은 것은?

① 소량 다품종 제품의 생산에 적합하다.

② 반응기가 닫혀 있어 운전 중에는 유입과 유출 흐름이 없다.

③ 장치비가 적게 들고 조업에 융통성이 있다.

④ 운전정지 시간이 짧다.

4 증류탑의 총괄효율이 50 %이고, 이상단의 수가 12일 때 실제단의 수는?

① 6

② 12

③ 18

④ 24

---

1 ① **질량농도** : 단위 부피의 용액(용매+용질)에 들어있는 용질의 질량

② 1,000ppb 는 1ppm이다.

③ **몰농도** : 용액 1L에 들어있는 용질의 몰수

④ **몰랄농도** : 용매 1kg에 들어있는 용질의 몰수

2 ① 전단응력은 점성도와 속도구배를 곱한 값이다.

② 동점도는 유체의 절대점도를 유체의 밀도로 나눈 값이다.

③ 뉴튼 유체의 특징은 점도가 전단변형률 크기에 무관한 것이다.

④ 뉴튼 유체가 원관 속을 흐를 때 레이놀즈 수가 2,000이하면 층류이다.

3 ① 다품종 소량 제품의 생산에 적합하다.

② 반응기에 반응물을 넣고 교반 후 생성물을 얻는 시스템 이므로 운전 중에는 유입과 유출 흐름이 없다.

③ 다양한 반응기 크기에, 연속반응기에 비하여 개수도 적기 때문에 장치비가 적게 들며 조업에 융통성이 있다.

④ 반응상황에 따라 운전정지 시간이 짧거나 길수도 있다.

4 증류탑에서의 단효율은 이론단수/실제단수 이다.

∴ 단효율이 50%이므로 이론단수가 12일 때 실제단수는 24가 된다.

정답 및 해설 1.② 2.③ 3.④ 4.④

5 기체 중에 부유하고 있는 고체나 액체 미립자를 포집하는 집진장치에 대한 설명으로 옳지 않은 것은?

① 스크러버(scrubber)는 공기를 이용한 건식 집진장치다.
② 사이클론(cyclone)은 원심력을 이용한 집진장치다.
③ 코트렐(Cottrell) 집진기는 전기집진장치다.
④ 백필터(bag filter)는 여과포를 이용한 집진장치다.

6 벤젠 60wt%, 톨루엔 40wt%의 혼합액이 $1,000\text{kg h}^{-1}$의 질량유속으로 증류탑에 공급된다. 탑상제품에서 톨루엔의 질량유속은 100kg h^{-1}이고 벤젠의 조성은 80wt%일 때, 탑저제품에서 벤젠의 질량유속$[\text{kg h}^{-1}]$은?

① 100   ② 200
③ 300   ④ 400

7 수직으로 놓인 지름 1m의 원통형 탱크에 높이 1.8m까지 물이 채워져 있다. 탱크 바닥에 내경 5cm의 관을 연결하여 1.2m s^{-1}의 일정한 관내 평균유속으로 물을 배출한다면, 탱크의 물이 모두 배출되는데 걸리는 시간$[\text{min}]$은?

① 10   ② 20
③ 40   ④ 60

8 차원(dimension)이 다른 것은? (단, ν는 동점도, μ는 절대점도, α는 열확산계수, k는 열전도도, ρ는 밀도, D는 물질확산계수, c_p는 비열을 의미한다)

① $\dfrac{\nu}{\alpha}$

② $\dfrac{\mu}{\rho \cdot D}$

③ $\dfrac{D}{\alpha}$

④ $\dfrac{\rho \cdot c_p}{k \cdot \mu}$

---

5 ① 스크러버는 세정식 집진장치로써 액체를 이용해 분진이나 가스 등의 물질을 집진하는 장비이다.
② 사이클론은 회전식 펌프를 이용하여 집진하는 장치로써 원심력을 원리로 두고 있다.
③ 코트렐 집진기는 공기중의 먼지를 정전기를 이용하여 제거하는 장비이다.
④ 백필터 집진기는 백필터를 이용한 여과방식으로 입자상의 물질을 제거하는 장비이다.

6 질량보존의 법칙을 활용한다. 입량 = 출량
- 입량 : $1,000\text{kg/h}$ ⇒ 벤젠 : 600kg/h, 톨루엔 : 400kg/h
- 출량 : 탑상에서의 벤젠의 질량유속 = $\dfrac{x\text{kg/h}}{100\text{kg/h}+x\text{kg/h}}=0.8$ ⇒ $x=400\text{kg/h}$

∴ 탑저에서의 벤젠의 질량유속 : 벤젠의 입량 − 탑상에서의 벤젠의 출량 ⇒ $600\text{kg/h}-400\text{kg/h}=200\text{kg/h}$

7 ㉠ 원통형 탱크안에 있는 물의 양 : $\pi r^2 h = \pi \times (0.5\text{m})^2 \times 1.8\text{m} ≒ 1.41\text{m}^3$
㉡ 관을 통하여 배출되는 부피유량 : $uA = u\pi r^2 = 1.2\text{m/s} \times \pi \times (0.05\text{m}/2)^2 ≒ 2.36 \times 10^{-3}\text{m}^3/\text{s}$

∴ 탱크의 물이 모두 배출되는 시간 : $\dfrac{1.41\text{m}^3}{2.36 \times 10^{-3}\text{m}^3/\text{s}} \times \dfrac{60s}{1\text{min}} ≒ 9.95\text{min}$

8 ① 동점도 : 길이^2/시간, 열확산도 : 길이^2/시간 ∴ 동점도/열확산도 ⇒ 무차원
② 점도 : 질량/길이·시간, 밀도 : 질량/길이^3, 물질확산계수 : 길이^2/시간 ∴ 점도/(밀도×물질확산계수) ⇒ 무차원
③ 물질확산계수 : 길이^2/시간, 열확산도 : 길이^2/시간 ∴ 물질확산계수/열확산도 ⇒ 무차원
④ 밀도 : 질량/길이^3, 비열 : 길이^2/시간^2·온도, 열전도도 : 질량·길이/시간·온도, 점도 : 질량/길이·시간
∴ (밀도×비열)/(열전도도×점도) ⇒ 1/(길이×질량)

정답 및 해설 5.① 6.② 7.① 8.④

9 액-액 추출에서 추제가 가져야 할 성질로 옳은 것은?

① 추질과 밀도 차이가 작아야 한다.

② 추질에 대한 선택도가 추잔상에 대한 선택도보다 커야 한다.

③ 추질과 휘발도의 차이가 작아야 한다.

④ 추잔상에 대한 용해도가 커야 한다.

10 5℃의 공기가 $1\,kg\,s^{-1}$의 일정한 질량유속으로 관에 들어가서 50℃로 관을 나간다. 공기의 비열을 $0.3\,kcal\,kg^{-1}\,℃^{-1}$라고 할 때, 단위시간당 공기로 전달된 열량$[kcal\,s^{-1}]$은?

① 10.5

② 11.5

③ 12.5

④ 13.5

11 화학공장의 화재 발생 요인 3요소가 아닌 것은?

① 환원제

② 산소

③ 점화원

④ 가연성 물질

12 두께가 1cm인 은 평판과 단위면적당 정상상태 열전달 속도가 같은 철 평판의 두께[cm]는?
    (단, 은의 열전도도는 $450\text{W m}^{-1}\text{K}^{-1}$, 철의 열전도도는 $15\text{W m}^{-1}\text{K}^{-1}$이며, 열전달 조건은 동일하다)

① $\dfrac{1}{60}$ 　　　　　　　　　　　② $\dfrac{1}{30}$

③ 30 　　　　　　　　　　　　　　　④ 60

---

9 추질은 녹이고자 하는 목표 물질이며, 추제는 추질을 녹이기 위해 가해주는 용매이다. 또한 추출상은 추제가 풍부한 상이며, 추잔상은 원용매가 풍부한 상이다. 따라서 추제가 가져야할 성질은 추질을 잘 녹여야 하는 것 이므로 추질에 대한 선택도가 추잔상에 대한 선택도보다 커야한다.

10 공기에 가해진 열량을 구하면 다음과 같다. $Q = mC_p\Delta T$

$\therefore Q = mC_p\Delta T = 1\text{kg/s} \times 0.3\text{kcal/kg} \cdot \text{℃} \times (50\text{℃} - 5\text{℃}) = 13.5\text{kcal/s}$

11 연소의 3요소는 연료(가연물), 열(점화원), 산소이다. 따라서 환원제는 해당이 되지 않는다.

12 열전달 속도와 관련된 식은 다음과 같다. $q = -k\dfrac{\Delta T}{\Delta x}$ (k : 열전도도, ΔT : 온도변화량, Δx : 두께)

열전달 조건은 동일하므로 $\dfrac{q}{\Delta T}$ = 일정 하다는 의미이다.

$\therefore -\dfrac{k_1}{\Delta x_1} = -\dfrac{k_2}{\Delta x_2} \Rightarrow \dfrac{450\text{W/m} \cdot \text{K}}{1\text{cm}} = \dfrac{15\text{W/m} \cdot \text{K}}{\Delta x_2} \Rightarrow \Delta x_2 = \dfrac{1}{30}\text{cm}$

정답 및 해설 9.② 10.④ 11.① 12.②

13 기체 A가 기체 B로 전환되는 아래 반응식에 의해 A의 20 %가 B로 전환된다면, 반응 후 얻게 되는 기체 혼합물 중 A의 몰분율은? (단, 초기에는 A만 반응기에 존재한다)

$$A(g) \rightarrow 4B(g)$$

① 0.1　　　　　　　　　　　　　② 0.2

③ 0.5　　　　　　　　　　　　　④ 0.8

14 압출 방향에 대해 수직으로 자른 실린더 내부 단면적이 $0.1 m^2$인 압출 장비로 국수를 뽑고 있다. 피스톤이 $10 cm s^{-1}$의 속도로 반죽을 밀어 단면적이 $1 cm^2$인 국수가 500 가닥 압출되고 있다면, 국수의 압출 속도[$cm s^{-1}$]는? (단, 실린더 내부는 국수 반죽으로 가득 차 있고 공극은 없으며 국수 반죽은 밀도가 일정한 비압축성 유체이고 국수 압출 시 실린더 내에서 동일한 압력을 받는다)

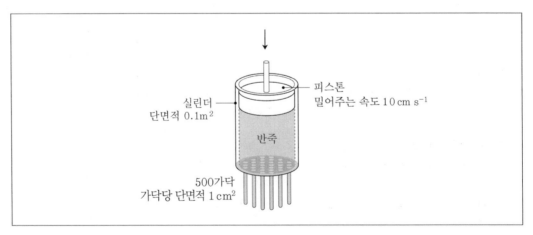

① 0.2　　　　　　　　　　　　　② 2

③ 20　　　　　　　　　　　　　④ 200

15 입도 측정법에 대한 설명으로 옳지 않은 것은?

① 체질법은 체를 사용하여 질량 분포 및 입도를 측정한다.

② 현미경 측정법은 광학현미경과 전자현미경을 주로 사용한다.

③ 침강법은 입자의 침강 속도를 토대로 현탁액의 밀도를 측정하여 입도를 계산하는 분석법이다.

④ 레이저 회절법은 현탁액을 통과하는 빛의 회절각이 입도에 비례한다는 것을 이용한 분석법이다.

---

13 초기 A의 기체가 100mol이 있다고 가정해보자.

㉠ 반응 전 : A기체 100mol, B기체 0mol

㉡ 반응 후 : A기체 $(100 - 100 \times 0.2) = 80\,mol$, B기체 $4 \times 100 \times 0.2 = 80\,mol$

∴ 반응 후에 A, B기체의 몰수가 동일하므로 A의 몰분율은 0.5가 된다.

14 질량보존의 법칙을 이용한다. 즉 초기부피유속 = 나중부피유속 $u_1 A_1 = u_2 A_2$ (밀도가 동일할 경우)

∴ $10\text{cm/s} \times 0.1\text{m}^2 \times \dfrac{(100\text{cm})^2}{1\text{m}^2} = u_2 \times 500 \times 1\text{cm}^2 \Rightarrow u_2 = 20\text{cm/s}$

15 ① 체질법 : mesh크기가 다른 여러 종류의 체를 사용하여 질량 분포 및 입도를 측정한다.

② 현미경 측정법 : 빛을 이용하여 측정하는 광학현미경, 혹은 입자 표면의 전자에너지를 이용한 전자현미경을 주로 사용한다.

③ 침강법 : 외력하에서 점성을 지니는 액체를 통과하여 침강하는 입자의 속도를 측정한 후 Stokes 방정식을 이용하여 입자를 분석하는 것으로써, 입자의 침강 속도를 토대로 현탁액의 밀도를 측정하여 입도를 계산하는 분석법과 동일한 의미이다.

④ 레이저 회절법 : 레이저 빔이 분산된 미립자 시료를 관통하면서 산란되는 광의 각도 변화를 측정함으로써 입도분포를 측정하는 방식이다. 큰 입자는 작은 각으로 산란되고, 작은 입자는 큰 각으로 산란된다.

정답 및 해설 13.③ 14.③ 15.④

16 체크 밸브(check valve)가 필요한 펌프는?

① 원심 펌프(centrifugal pump)

② 피스톤 펌프(piston pump)

③ 스크류 펌프(screw pump)

④ 기어 펌프(gear pump)

17 다음 그림과 같이 두께 D의 차가운 고체 평판(빗금친 부분) 위로 뜨거운 유체가 $x = 0$부터 평행하게 흐르고 있다. 유체의 열전달계수와 열전도도를 각각 h와 k_f라고 하고, 고체의 열전도도를 k_s라고 할 때 $x = L$에서 고체 평판 표면의 수직방향으로의 열전달에 대한 Nusselt 수는?

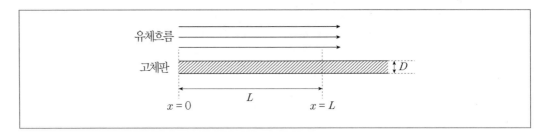

① $\dfrac{h \cdot L}{k_f}$

② $\dfrac{h \cdot L}{k_s}$

③ $\dfrac{h \cdot D}{k_f}$

④ $\dfrac{h \cdot D}{k_s}$

18 전도에 의한 열전달 현상에 대한 설명으로 옳지 않은 것은?

① 열전달은 온도가 높은 곳에서 낮은 곳으로 일어난다.

② 열전달 속도는 온도 차에 비례한다.

③ 열전달 속도는 열전도도에 비례한다.

④ 열전달 속도는 비열에 비례한다.

---

16 체크밸브는 Piping system에서 유체가 반대방향으로 흐르는 것을 막는 밸브이다. 따라서 피스톤의 왕복으로 마모로 인해 역류의 가능성이 있는 펌프(즉 피스톤 펌프)에 체크밸브가 포함 되어야 한다.

17 Nusselt 수 $= \dfrac{\text{대류에 의한 열전달}}{\text{전도에 의한 열전달}} = \dfrac{h\Delta T}{k_f \Delta T / L} = \dfrac{hL}{k_f} = Nu$로 정의된다. 여기서 L은 열 교환이 일어나는 두께(길이)를 의미한다. 따라서 고체판과 유체흐름의 열 교환이 일어나는 길이는 L이므로 위 시스템에서 $N = \dfrac{hL}{k_f}$ 이다. (열전도도는 유체에 의한 열전도도를 기준으로 한다.)

18 열전달은 온도가 높은 곳에서 낮은 곳으로 흐른다. 열전달 속도는 온도차, 열전도도에 비례하지만 비열에는 반비례 한다.

정답 및 해설 16.② 17.① 18.④

19 구형 수박 A의 반지름은 구형 수박 B의 반지름의 3배다. 수박 A, B를 냉장고에 넣어 25℃에서 15℃로 냉각하는 데 걸리는 시간을 각각 t_A, t_B라 할 때 $\dfrac{t_A}{t_B}$ 값은? (단, 냉장고 내부 온도와 수박 표면에서의 열전달계수는 일정하고, 수박 내부 열전달 저항은 무시한다)

① $\dfrac{1}{9}$ ② $\dfrac{1}{3}$

③ 3   ④ 9

20 자본비용(capital cost)으로 분류되지 않는 것은?

① 노무 및 복지 비용
② 장치 구입 및 설치 비용
③ 배관(piping) 비용
④ 토지 및 건물 비용

19 $Bi = \dfrac{hL}{k} = \dfrac{\text{전도에 의한 열전달}}{\text{대류에 의한 열전달}}$ 의 관계에서 전도에 의한 열전달을 무시 한다고 가정했으므로 $Bi = 0$이다.

따라서 위 시스템에서는 대류에 의한 열전달이 지배적이며, 냉각 시 필요한 에너지 = 대류의 열전달이다.

㉠ 냉각 시 필요한 에너지 : $\dot{Q} = mC_P \dfrac{dT}{dt} = \rho V C_P \dfrac{dT}{dt}$ (ρ : 밀도, V : 부피 C_P : 열용량)

㉡ 대류에 의한 열전달의 관계식 : $\dot{Q} = Ah\Delta T$ (A : 면적, h : 열전달계수, ΔT : 온도변화량)

∴ 냉각 시 필요한 에너지 = 대류의 열전달 $\Rightarrow \rho V C_P \dfrac{dT}{dt} = Ah(T_b - T) \Rightarrow \rho V C_P \dfrac{dT}{Ah(T_b - T)} = dt$

$$\Rightarrow \frac{\rho C_P}{h} \int_{T_1}^{T_2} V \frac{dT}{A(T_b - T)} = \int_0^t dt \Rightarrow \frac{\rho C_P}{h} \int_{T_1}^{T_2} \frac{\frac{4}{3}\pi r^3 dT}{4\pi r^2 (T_b - T)} = \int_0^t dt$$

$$\Rightarrow \frac{\rho C_P}{3h} \int_{T_1}^{T_2} \frac{r \, dT}{(T_b - T)} = \int_0^t dt \Rightarrow \underline{t = r \times \frac{\rho C_P}{3h} ln \frac{T_b - T_1}{T_b - T_2}} \quad \therefore \text{시간은 반지름에 비례한다. } \frac{t_A}{t_B} = 3$$

20 자본비용은 자금사용의 대가로 부담하는 비용으로서 자본제공자의 입장에서 요구수익률로 간주한다. 따라서 화학공장을 예로 들면 공장으로부터 양산되는 제품의 요구수익률을 기준으로 부담하는 비용은 공장의 토지 및 건물 비용, 장치 구입 및 설치비용, 배관비용, 유지 및 보수비용 등이 포함되지만, 노무 및 복지비용은 노동비용에 포함되므로 ①은 자본비용에 속하지 않는다.

정답 및 해설 19.③ 20.①

1 물질 A와 물질 B로 구성된 이상용액에서 B에 대한 A의 상대휘발도는? (단, 동일한 온도에서 순수한 A와 B의 증기압은 각각 125kPa과 50kPa이다)

① 0.4

② 2.5

③ 4

④ 25

2 기체의 거동을 이상기체법칙으로 해석하기 위한 가정과 관계없는 것은?

① 기체 분자 간 에너지 교환이 없다.

② 기체 분자는 어떤 공간도 차지하지 않는다.

③ 기체 분자 간 인력이 없으므로 분자는 서로 완전히 독립적으로 움직인다.

④ 기체 분자 간 충돌 및 분자와 용기 벽과의 충돌은 완전 탄성충돌이다.

3 기체의 액체에 대한 용해도 설명으로 옳은 것만을 모두 고르면?

> ㉠ 용해도는 용액 1 L에 녹아 있는 용질의 몰수이다.
> ㉡ 헨리의 법칙은 용해도가 매우 높은 물질의 증기압과 몰분율 간의 관계를 나타낸다.
> ㉢ 물에 대한 기체의 용해도는 압력이 일정할 때, 온도가 증가함에 따라 감소한다.
> ㉣ 물에 대한 기체의 용해도는 온도가 일정할 때, 압력이 증가함에 따라 증가한다.

① ㉠, ㉡

② ㉠, ㉢

③ ㉡, ㉣

④ ㉢, ㉣

4 뉴턴의 점도법칙을 따르는 뉴턴유체(Newtonian fluid)로 가정할 수 없는 것은?

① 기체 질소   ② 액체 물

③ 액체 헥세인   ④ 고분자용액

---

1   B에 대한 A의 상대 휘발도는 다음과 같은 식이 이용된다. $\alpha_{AB} = \dfrac{P_A}{P_B}$

(α_{AB} : B에 대한 A의 상대 휘발도, P_A : 순수한 A물질의 증기압, P_B : 순수한 B물질의 증기압)

$$\therefore \ \alpha_{AB} = \frac{P_A}{P_B} = \frac{125\text{kPa}}{50\text{kPa}} = 2.5$$

2   이상기체로 가정하기 위한 조건들은 다음과 같다.

    ㉠ 1원자 분자이다.

    ㉡ 기체 분자는 어떠한 공간도 차지하지 않는다.

    ㉢ 기체 분자 간 어떠한 인력과 척력(상호작용)이 발생되지 않는다.

    ㉣ 내부에너지가 밀도와는 관계없는 온도만의 함수이다.

    ㉤ 기체 분자 간 충돌 및 분자와 용기 벽과 충돌은 완전 탄성충돌이다.

3   ㉠ 용해도는 용매 100g에 최대로 녹을 수 있는 용질의 그램 수를 의미한다.

    ㉡ 헨리의 법칙은 온도가 일정할 때 기체의 용해도는 기체의 부분압에 비례한다는 법칙이다. 허나 이 법칙이 적용되려면 기체간의 상호작용이 적은 극한 조건에서만 성립이 된다.

    ㉢ 헨리의 법칙은 압력이 일정할 때 기체의 용해도는 온도에 반비례 하는 특징을 가진다.

    ㉣ 헨리의 법칙은 온도가 일정할 때 기체의 용해도는 기체의 부분압에 비례한다는 법칙이다.

4   뉴턴유체는 전단응력과 전단변형률의 관계가 선형적인 관계이며, 그 관계 곡선이 원점을 지나는 유체이다. 따라서 고분자 용액의 경우는 뉴턴유체뿐만 아니라 팽창성 유체(Dilatant) 및 유사소성 유체(Pseudo plastic) 등 또한 포함하기 때문에 적절하지 못하다.

정답 및 해설   1.② 2.① 3.④ 4.④

5 등몰의 A와 B 혼합물 100mol을 플래쉬증류(flash distillation)장치에서 기액으로 분리하고 있다. A와 B의 K인자(분배계수, distribution coefficient)의 값이 각각 1.5와 0.6일 때, 장치를 나가는 액체의 양[mol]과 액체에서 B의 몰분율은?

액체의 양	B의 몰분율
① 25	$\dfrac{4}{9}$
② 25	$\dfrac{5}{9}$
③ 75	$\dfrac{4}{9}$
④ 75	$\dfrac{5}{9}$

6 다음 그림은 관 내부 지점 1에서의 비뉴턴 유체(Non-Newtonian fluid)의 속도분포를 나타내고 있다. 유체는 전단속도(shear rate)가 증가할수록 점도가 증가하는 전단농후(shear thickening) 거동을 보인다. 이때 A, B, C 각 위치에서 전단응력(shear stress)의 크기 순서는?

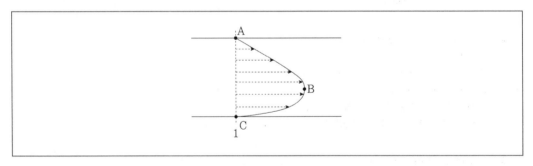

① A > B > C

② A > C > B

③ C > A > B

④ C > B > A

7 부피 변화가 없는 2차 반응 $2A \rightarrow B + C$가 회분식반응기에서 일어나고 있다. 초기에 반응물 A 만 있고, A의 초기 농도는 $0.1 mol \cdot L^{-1}$이라면 10초 동안 반응하였을 때 A의 전화율은? (단, 반응속도상수 $k = 1.0 L \cdot mol^{-1} \cdot s^{-1}$이다)

① 0.25

② 0.5

③ 0.75

④ 1.0

5

㉠ $K_A = \dfrac{y_A}{x_A} = 1.5$ (y_A : A물질의 기상 분율, x_A : A물질의 액상 분율) $\Rightarrow y_A = 1.5 x_A$

㉡ $K_B = \dfrac{y_B}{x_B} = 0.6 = \dfrac{1-y_A}{1-x_A}$ (y_B : B물질의 기상 분율, x_B : B물질의 액상 분율) $\Rightarrow 0.6 = \dfrac{1-1.5 x_A}{1-x_A}$

$\therefore x_A = \dfrac{4}{9}$, $\underline{x_B = 1 - x_A = \dfrac{5}{9}}$, $y_A = 1.5 \times \dfrac{4}{9} = \dfrac{2}{3}$, $y_B = 1 - y_A = \dfrac{1}{3}$

㉢ A물질에 대한 물질 수지식 : $(100 - L)y_A$(기상) $+ L x_A$(액상) $= 0.5 \times 100 mol = 50 mol$

$\therefore (100 mol - L) \times \dfrac{2}{3} + L \times \dfrac{4}{9} = 50 mol \Rightarrow \underline{L = 75 mol}$

6

전단응력 $\tau = \mu \dfrac{du}{dy}$ 의 관계식에 $\dfrac{du}{dy}$(속도구배)의 의미는 전단 변형율이다. 즉 관로에서의 거리변화에 따른 유속의 변화를 의미한다. 따라서 속도구배가 큰 경우 전단응력이 크다.

㉠ B지점 : 미소의 거리변화에 따른 속도의 변화가 가장 작기 때문에 전단응력이 제일 작다.

㉡ C지점 : 미소의 거리변화에 따른 속도의 변화가 가장 크기 때문에 전단응력이 제일 크다.

$\therefore$ 전단응력의 크기순서는 C > A > B 이다.

7

회분식 반응기 설계 식을 통해 문제를 해결한다. $\dfrac{dC_A}{dt} = r_A$

㉠ 반응속도 식 $r_A = -k C_A^2$

㉡ 설계식과 결합 후 양변 적분 $\dfrac{dC_A}{dt} = -k C_A^2 \Rightarrow -\dfrac{1}{k} \int_{C_{A0}}^{C_A} \dfrac{dC_A}{C_A^2} = \int_0^t dt \Rightarrow \dfrac{1}{k}\left(\dfrac{1}{C_A} - \dfrac{1}{C_{A0}}\right) = t$

㉢ 파라미터 대입 $\dfrac{1}{k}\left(\dfrac{1}{C_A} - \dfrac{1}{C_{A0}}\right) = t \Rightarrow \dfrac{1}{1.0 L/mol \cdot s}\left(\dfrac{1}{C_A} - \dfrac{1}{0.1 mol/L}\right) = 10 s \Rightarrow C_A = 0.05 mol/L$

$\therefore$ 전화율 $= \dfrac{반응한\ A의\ 몰수}{공급된\ A의\ 몰수} = \dfrac{0.1 mol/L - 0.05 mol/L}{0.1 mol/L} = 0.5$

정답 및 해설 5.④ 6.③ 7.②

8 화학공정의 경제성을 평가할 때 비용을 크게 자본비용(capital cost)과 운전비용(operating cost)으로 나눌 수 있다. 이에 대한 설명으로 옳지 않은 것은?

① 자본비용은 공정을 만드는 데 드는 초기 투자비용이다.

② 자본비용에는 열교환기, 반응기, 컴퓨터 등을 사거나 만드는 비용이 포함된다.

③ 운전비용에는 원료, 유체의 이송, 가열 및 냉각 등에 관계된 비용이 포함된다.

④ 운전비용의 경우 주로 공정운전의 초기단계에 반영된다.

9 뉴턴유체의 점도에 대한 설명으로 옳은 것만을 모두 고르면?

> ㉠ 액체의 점도는 온도가 증가하면 감소한다.
> ㉡ 기체의 점도는 온도가 증가하면 감소한다.
> ㉢ 점도 $1\,mPa \cdot sec = 10\,cP$이다.
> ㉣ 다른 조건이 동일하다면 점도가 증가할수록 전단응력이 증가한다.

① ㉠, ㉡   ② ㉠, ㉢

③ ㉠, ㉣   ④ ㉡, ㉢

10 닫힌계에서 이상기체 1 mol에 대한 설명으로 옳은 것은? (단, $\gamma = \dfrac{C_P}{C_V}$)

① 단열공정에서 $\dfrac{dT}{T} = -(\gamma - 1)\dfrac{dV}{V}$ 이다.

② 단열공정에서 $C_P dT = -PdV$ 이다.

③ 등온공정에서 기체 압력이 P_1에서 P_2로 변화할 때, $Q = RT\ln\dfrac{P_2}{P_1}$ 이다.

④ 등온공정에서 기체 부피가 V_1에서 V_2로 변화할 때, $Q = RT\ln\dfrac{V_1}{V_2}$ 이다.

8 • **자본비용** : 자금사용의 대가로 부담하는 비용으로서 자본제공자의 입장에서 요구수익률로 간주한다. 따라서 화학공장을 예를 들면 공장으로부터 양산되는 제품의 요구수익률을 기준으로 부담하는 비용은 공장의 토지 및 건물 비용, 장치 구입 및 설치비용, 배관비용 등이 이에 해당되며 공정을 만드는 데 드는 초기 투자비용이다.

• **운전비용** : 반응기, 열교환기 등 장비들을 운행하는데 사용되는 비용 및 유지비 등을 의미한다. 따라서 운전을 위해 발생되는 외부 비용까지 감안해야 하기 때문에 운전비용의 경우 공정운전의 초기 단계에 반영되지는 않는다.

9 ㉠ 액체의 점도는 온도가 증가하면 감소한다.

㉡ 기체의 점도는 온도가 증가하면 증가한다.

㉢ 점도 $1 \text{mPa} \cdot \text{sec} = 1 \text{cP}$

㉣ 뉴턴 유체에서 전단응력 $\tau = \mu \dfrac{du}{dy}$ 의 관계식에서 속도구배에 대한 비례상수 μ 가 점도이며 일정하다. 따라서 다른 조건이 동일하다면 점도가 증가할수록 전단응력이 증가한다.

10 ① 단열공정에서 $\Delta U = W$ or $C_V dT = -P dV$ 이며, 이상기체 상태방정식을 도입하면 $C_V \dfrac{dT}{T} = -nR \dfrac{dV}{V}$ 이다.

$C_P - C_V = nR$ 임을 이용하면, $\dfrac{dT}{T} = -\dfrac{(C_P - C_V)}{C_V} \dfrac{dV}{V} \Rightarrow \dfrac{dT}{T} = -(\gamma - 1) \dfrac{dV}{V}$

② 단열공정에서 $\Delta U = W$ or $C_V dT = -P dV$ 이다.

③④ 등온공정에서는 $du = dq + dw$ 에서 온도가 일정하므로 $\underline{dq = 0}$ 이 된다. 따라서 $du = dw$ 이다. 등온공정에서 기체의 부피변화를 예로 들면, $W = -\displaystyle\int_{V_1}^{V_2} P dV \Rightarrow W = -\displaystyle\int_{V_1}^{V_2} \dfrac{RT}{V} dV \Rightarrow W = RT \ln \dfrac{V_1}{V_2}$

정답 및 해설 8.④ 9.③ 10.①

11 면적이 100cm²인 피스톤에 연결된 스프링의 스프링 상수가 50N · cm⁻¹이다. 어떤 탱크에 피스톤을 연결하였더니 스프링의 길이가 5cm 변화하였다면, 이 탱크의 게이지(gauge) 압력 [kPa]은? (단, 피스톤이 대기에 노출되어 있을 때, 스프링 길이 변화는 없다)

① 0.25

② 2.5

③ 25

④ 250

12 고체 분쇄의 기본 원리에 해당하지 않는 것은?

① 충격

② 압축

③ 마찰

④ 용해

13 80wt%의 수분을 함유하고 있는 물질 100kg을 20wt%의 수분이 포함되도록 건조할 때 수분의 증발량[kg]은?

① 64

② 75

③ 76

④ 80

14 복사열전달에 대한 설명으로 옳지 않은 것은?

① 방사율(emissivity)은 같은 온도에서 흑체가 방사한 에너지에 대한 실제 표면에서 방사된 에너지의 비율로 정의된다.

② 열복사의 파장범위는 1,000μm보다 큰 파장 영역에 존재한다.

③ 흑체는 표면에 입사되는 모든 복사를 흡수하며, 가장 많은 복사에너지를 방출한다.

④ 두 물체 간의 복사열전달량은 온도 차이뿐만 아니라 각 물체의 절대 온도에도 의존한다.

---

11 스프링이 받는 힘 $F = kx$ (k : 스프링 상수, x : 늘어난 길이) ∴ $F = kx = 50\text{N/cm} \times 5\text{cm} = 250\text{N}$

압력 : 면적당 받는 힘 ∴ $1\text{Pa} = \dfrac{1\text{N}}{1\text{m}^2}$ ⇒ $\dfrac{250\text{N}}{100\text{cm}^2} \times \dfrac{(100\text{cm})^2}{1\text{m}^2} = \dfrac{25,000\text{N}}{1\text{m}^2} = 25,000\text{Pa} = 25\text{kPa}$

12 고체 분쇄의 기본원리는 고체 입자에 힘을 가해 잘게 부수거나 잘라내어 작은 입자로 만드는 입도 감소이다. 그러나 용해의 경우에는 물리적인 방법이 아닌 화학적인 방법으로 고체 입자를 용매를 이용하여 분산시키는 원리이므로 분쇄의 기본 원리에 해당되지 않는다.

13 수분을 함유한 재료 100kg에서 수분이 80wt%이라면 ⇒ 건조된 재료 : 20kg, 물 : 80kg이다.

$\dfrac{\text{건조후 남은 물질량}}{(\text{건조된 재료질량}) + (\text{건조후 남은 물질량})}$ ⇒ $\dfrac{x\text{kg}}{20\text{kg} + x\text{kg}} = 0.2$ ⇒ $x = 5\text{kg}$

∴ 최종적으로 수분의 증발량 : (초기 수분 양 − 건조 후 남은 재료의 질량) ⇒ 80kg−5kg=75kg

14 ① 에너지는 흡수, 반사, 투과 세 영역으로 나뉘며, 흑체가 흡수한 에너지는 방사의 에너지와 동일하다. 따라서 방사율은 흑체가 방사한 에너지에 대한 실제 표면에서 방사된 에너지의 비율로 정의된다.

② 물체에서 방사되는 복사의 파장은 0.1~100μm사이에 걸쳐 분포되어 있다.

③ 흑체는 파장에 상관없이 모든 주파수를 흡수하며, 흡수한 에너지만큼 복사에너지를 방출하기 때문에 가장 많은 복사에너지를 방출한다.

④ 두 면적간의 순(net) 복사는 $Q_{\neq t} = \sigma A F(T_1^4 - T_2^4)$으로 표현되며, 이때 온도는 절대온도이다.

정답 및 해설   11.③   12.④   13.②   14.②

15 고정 고체층(고정상) 침출(leaching)에 대한 설명으로 옳지 않은 것은?

① 고체는 추출이 끝날 때까지 탱크 내에 고정된다.

② 일반적으로 맞흐름(향류) 조작을 한다.

③ 불투과성 고체인 경우에 사용한다.

④ 휘발성 용매를 사용하는 경우, 밀폐된 공간에서 가압하에 조작한다.

16 개방된 원통형 탱크에 비압축성 물질 A와 물질 B가 있다. B의 밀도는 A의 밀도의 20배이고, B는 바닥 배출구를 통해 배출된다. A의 높이(h_1)가 10m, B의 높이(h_2)가 1m일 때, 정상상태에서 B의 배출 유속[m · s⁻¹]은? (단, 모든 마찰과 A의 하강속도는 무시하며, A의 수면과 B의 배출구에서 대기압은 같고, 중력가속도는 10m · s⁻²이다)

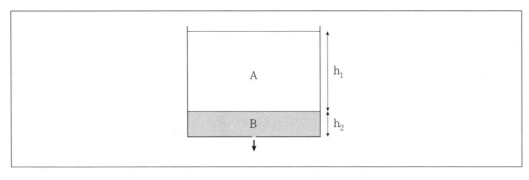

① 3

② $\sqrt{30}$

③ $\sqrt{180}$

④ $\sqrt{220}$

17 닫힌계에서 1kg의 물이 120℃의 일정 온도와 200kPa의 일정 압력에서 모두 기화될 때 내부 에너지 변화(ΔU)[kJ]는? (단, 모든 과정은 가역과정으로 과정 중 2,700kJ의 열이 가해지며, 이 조건에서 수증기의 비부피는 0.9m³·kg⁻¹이고, 물의 비부피는 매우 작아 무시한다)

① 180

② 2520

③ 2700

④ 2880

---

15 ① 추출물을 최대한 빼내기 위해서 고체는 추출이 끝날 때까지 탱크 내에 고정된다.

　② 일반적으로 향류 방향 조작을 통해서 접촉 면적 및 시간을 늘려 효율을 높인다.

　③ 일반적으로 용매가 고체를 투과하여 고체내의 추료를 추출하는 경우에 주로 이용된다.

　④ 휘발성 용매를 사용하는 경우, 이용되는 용매가 휘발되지 않도록 밀폐된 공간에서 가압하여 진행한다.

16 ㉠ 높이구하기 : 유체가 다르므로 A유체의 상당높이를 사용한다. $\rho_A \cdot g \cdot h_1 = \rho_B \cdot g \cdot h_e$ (h_e : A유체의 상당높이)

　　∴ $\rho_A \cdot g \cdot h_1 = \rho_B \cdot g \cdot h_e \Rightarrow h_e = \dfrac{\rho_A}{\rho_B} h_1 = \dfrac{1}{20} \times 10\text{m} = 0.5\text{m}$ ∴ $h = h_e + h_2 = 0.5\text{m} + 1\text{m} = 1.5\text{m}$

　　㉡ 유속구하기 : $u = \sqrt{2gh} = \sqrt{2 \times 10\text{m/s}^2 \times 1.5\text{m}} = \sqrt{30}\,\text{m/s}$

17 엔탈피 정의를 활용한다.(에너지 보존법칙 기반) $\Delta H = \Delta U + \Delta PV = Q$(일정압력 시) $\Rightarrow \Delta H = 2,700\text{kJ}$

　　∴ $\Delta U = \Delta H - \Delta PV \Rightarrow \Delta U = 2,700\text{kJ} - 200\text{kPa} \times 0.9\text{m}^3/\text{kg} = 2,520\text{kJ}$

정답 및 해설　15.③　16.②　17.②

18 무차원 수에 대한 설명으로 옳지 않은 것은?

① Schmidt수는 총온도구배에 대한 표면에서의 온도구배의 비율로 나타낸다.

② Prandtl수는 열확산도에 대한 운동량 확산도의 비율로 나타낸다.

③ Grashof수는 점성력에 대한 부력의 비율로 나타낸다.

④ Stanton수는 유체의 열용량에 대한 유체에 전달된 열의 비율로 나타낸다.

19 펌프에서 일어나는 공동화 현상을 피하기 위해 할 수 있는 것은?

① 펌프 전단에 있는 저장조를 더 높은 곳에 설치한다.

② 저장조에서 펌프로 유체를 보내는 파이프의 직경을 작게 한다.

③ 펌프의 임펠러 속도를 증가시킨다.

④ 유체의 온도를 높인다.

20 화학공정제어에 대한 설명으로 옳지 않은 것은?

① 공정변수 중 입력변수는 조절변수와 외부교란변수로 나뉜다.

② 일반적으로 제어오차는 설정값에서 제어되는 변수의 측정값을 뺀 값이다.

③ 외부교란변수는 측정을 통해 해당 공정을 효과적으로 제어하기 위해 이용된다.

④ 입력변수는 공정에 대한 외부의 영향을 나타내고 출력변수는 외부에 대한 공정의 영향을 나타낸다.

18 ① $Sc = \nu/D =$ (Viscous diffusion rate)/(Mass diffusion rate)

② $\Pr = \nu/\alpha =$ (Momentum diffusivity)/(Thermal diffusivity)

③ $Gr = g \cdot \beta \cdot (T_s - T_\infty) \cdot L_c^3/\nu^2 =$ (Buoyancy force)/(Viscous force)

④ $St = h_{conv}/\rho V c_P =$ (Heat Transferred into a Fluid)/(Thermal Capacity)

19 공동화 현상은 회전식 펌프에 의해 수송되는 용매가 휘발성인 강한 경우, 펌프의 출구 쪽의 압력이 용매의 증기압 보다 낮아지게 될 때 발생한다. (∵ 출구 쪽 압력이 용매의 증기압보다 낮게 되면 용매는 액체에서 기체로 변하고, 이로 인해 펌프는 공회전을 한다.) 따라서 출구 쪽의 압력을 높여주기 위해서 펌프 전단에 있는 저장조를 더 높은 곳에 설치한다.

20 ① 공정변수 중에 입력변수는 크게 조작변수와 외부교란변수로 나누어진다.

② 제어오차는 설정값에서 제어되는 변수의 측정값을 뺀 값이다.

③ 외부교란변수는 측정이 가능한 것과 측정이 불가능한 것으로 구분되며 측정이 불가능한 외부교란변수의 경우 제어에 어려움을 초래한다.

④ 입력변수는 공정에 대한 외부의 영향을 나타내는 변수이며, 출력변수는 외부에 대한 공정의 영향을 나타내는 변수이다.

정답 및 해설 18.① 19.① 20.③

1 표는 25°C에서 물질 A~D에 대한 표준생성엔탈피(ΔH_f°)이다.

물질	A(g)	B(g)	C(g)	D(g)
ΔH_f° [kJ · mol^{-1}]	-272	-1030	-250.5	-602

25°C에서 2mol의 A와 충분한 양의 B를 반응시킬 때, 다음 반응에 대한 표준반응엔탈피[kJ]는?

$$2A(g) + B(g) \longrightarrow 4C(g) + D(g)$$

① -30

② -15

③ 25

④ 449.5

2 베르누이식 $\left(\dfrac{\Delta P}{\rho} + \dfrac{\Delta u^2}{2} + g\Delta z = 0 \right)$의 가정이 아닌 것은? (단, P는 압력, ρ는 밀도, u는 유체의 평균 유속, g는 중력가속도, z는 높이이다)

① 마찰 손실이 없음

② 축일이 없음

③ 정상상태

④ 압축성 유체

3 화학공정의 개발 및 건설 과정을 시작부터 순서대로 바르게 나열한 것은?

① 기초연구 → 공정개발연구 → 공정 설계 → 플랜트 설계 → 플랜트 건설

② 공정개발연구 → 기초연구 → 공정 설계 → 플랜트 설계 → 플랜트 건설

③ 기초연구 → 플랜트 설계 → 공정개발연구 → 공정 설계 → 플랜트 건설

④ 공정 설계 → 기초연구 → 공정개발연구 → 플랜트 설계 → 플랜트 건설

---

1 $\sum$ 생성물의 표준생성엔탈피 $-$ $\sum$ 반응물의 표준생성엔탈피

∴ $4(-250.5) + (-602) - 2(-272) - (-1,030) = -30 \text{kJ/mol}$

2 주어진 베르누이식이 성립하기 위한 가정은 다음과 같다.

㉠ 마찰 손실이 없다. (마찰 항이 없기 때문)

㉡ 축일이 없다. (축일 항이 없기 때문)

㉢ 정상상태이다.

㉣ 비압축성 유체이다.

3 화학공정의 개발 및 건설 과정은 다음과 같은 순서로 이루어진다.

① 기초연구 진행

② 기초연구를 기반으로 공정 개발연구

③ 공정 개발연구를 기반으로 한 공정 설계

④ 플랜트 설계

⑤ 플랜트 설계를 바탕으로 플랜트 건설

정답 및 해설 1.① 2.④ 3.①

4 일정 시점에 기업이 보유하고 있는 자산, 부채, 자본의 구성 상태를 나타내는 재무제표는?

① 재무상태표

② 포괄손익계산서

③ 현금흐름표

④ 자본변동표

5 100kPa, 60°C에서 상대습도가 80%인 습한 공기가 100mol·h^{-1}로 제습기에 들어간다. 제습기가 공기 중 수분의 62.5%를 응축시킬 때, 응축기를 나가는 기체 중 수증기의 몰분율은? (단, 60°C에서 포화수증기압은 20kPa이다)

① $\dfrac{1}{30}$　　　　　　　　　　② $\dfrac{1}{15}$

③ $\dfrac{1}{3}$　　　　　　　　　　④ $\dfrac{2}{3}$

6 그림은 회분식 반응기에서 일어나는 메테인(CH_4)의 완전연소 반응이다. 반응물이 100mol의 메테인과 300mol의 산소일 때, 반응 후 남은 산소와 생성된 물의 몰수의 합(n_2+n_4)[mol]은? (단, 메테인의 전화율(fractional conversion)은 80%이다)

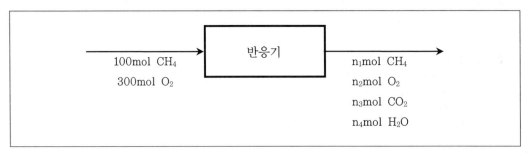

① 160

② 240

③ 300

④ 380

4 ① **재무상태표** : 특정 시점의 기업이 소유하고 있는 경제적 자원(자산), 그 경제적 자원에 대한 의무(부채) 및 소유주지분(자본)의 잔액을 보고한다.

② **포괄손익계산서** : 그 회계기간에 속하는 모든 수익과 이에 대응하는 모든 비용을 적정하게 표시하여 손익을 나타낸다.

③ **현금흐름표** : 영업활동, 투자활동, 재무활동별로 기업의 일정기간 동안의 현금성 자산의 변동에 관한 정보를 제공한다.

④ **자본변동표** : 자본금, 자본잉여금, 자본조정, 기타포괄손익누계액, 이익잉여금의 변동내역을 나타낸다.

5 질량보존의 법칙에 의해 입량 = 출량의 관계가 성립한다.

• 제습기에 들어가기 전 공기의 조성 함량

⇒ 60℃에서 포화수증기압 20kPa ⇒ 100kPa 하에서 최대 20kPa까지 수증기가 차지

⇒ 상대습도 80%인 경우 16kPa을 수증기가 차지함 ⇒ 100mol/h의 공기 중에 16mol/h가 수증기량

∴ $n_{input} = n_{air} + n_{H2O} = 84\text{mol/h} + 16\text{mol/h} = 100\text{mol/h}$

• 제습기로부터 제거되는 수분함량

⇒ 공기 중 수분의 62.5%를 응축한다고 하였을 경우 $n_{응축} = n_{H2O} \times 0.625$

∴ $n_{응축} = n_{H2O} \times 0.625 = 16\text{mol/h} \times 0.625 = 10\text{mol/h}$

• 제습기로부터 나오는 공기의 조성 함량

⇒ 건조 공기는 그대로 나오기 때문에 84mol/h

⇒ 제습기로부터 나오는 수증기는 $n_{output,H2O} = n_{H2O} - n_{응축} = 16\text{mol/h} - 10\text{mol/h} = 6\text{mol/h}$

• 제습기로부터 나오는 수증기의 몰분율

⇒ $\dfrac{n_{output,H2O}}{n_{output,air} + n_{output,H2O}} = \dfrac{6\text{mol/h}}{84\text{mol/h} + 6\text{mol/h}} = \dfrac{1}{15}$

6 메테인의 완전연소 반응 식 : $CH_4 + 2O_2 \rightarrow CO_2 + 2H_2O$

㉠ 반응 전 : 메테인 100mol, 산소 300mol

㉡ 반응 : 메테인 100mol 소모, 산소 200mol 소모

㉢ 반응 후 : 메테인 0mol, 산소 100mol, 이산화탄소 100mol, 물 200mol

∴ 산소와 물의 몰수 합 = (100 + 200) = 300mol

정답 및 해설 4.① 5.② 6.③

7 내경 1cm인 원통형 파이프 1과 내경 2cm인 원통형 파이프 2가 직렬로 연결된 상태에서 물이 파이프 내부를 정상상태 흐름으로 흐를 때, 파이프 1에서의 물의 평균유속은 파이프 2에서의 물의 평균유속의 몇 배인가?

① 0.25

② 2

③ 4

④ 8

8 황사현상이 심한 날 대기 중에 떠 있는 부유 분진량을 측정하기 위하여 대기흡입유량이 1.0 $m^3 \cdot min^{-1}$인 분진 포집기를 이용하여 24시간 동안 포집한 분진의 양이 720mg일 때, 대기 중 부유 분진의 농도[$\mu g \cdot m^{-3}$]는?

① 30

② 400

③ 500

④ 600

9 유체에 대한 설명으로 옳지 않은 것은?

① 전단응력(shear stress)은 전단력을 전단면적으로 나눈 값이다.

② 운동점도(kinematic viscosity)는 유체의 점도를 밀도로 나눈 값이다.

③ 뉴튼 유체(Newtonian fluid)는 전단응력과 속도구배가 비례관계이다.

④ 빙햄 유체(Bingham fluid)는 전단응력이 작아질수록 점도가 0에 수렴한다.

10 판형 열교환기의 한쪽 벽면을 내부식성 소재로 코팅하고자 한다. 코팅제의 코팅 두께는 $2\mu m$이고 열교환기 금속 재질의 두께는 1cm일 때, 코팅으로 인한 단위 면적당 열전도 저항의 증가율[%]은? (단, 정상상태 조건에서 벽을 통한 1차원 전도이며, 열교환기 금속 재질과 코팅제 소재의 열전도도는 각각 $10W \cdot m^{-1} \cdot K^{-1}$, $2.0 \times 10^{-2}W \cdot m^{-1} \cdot K^{-1}$이다)

① 5

② 10

③ 15

④ 20

7 정상상태이므로 파이프 1에서 흐르는 유량과 파이프 2에서 흐르는 유량은 동일하다.

- 파이프 1에서의 유량 : $\dot{V}$(부피유량) $= u$(유속)A(관의면적), $\therefore \dot{V_1} = u_1 A_1 = u_1 \pi (1\mathrm{cm})^2$
- 파이프 2에서의 유량 : $\dot{V}$(부피유량) $= u$(유속)A(관의면적), $\therefore \dot{V_2} = u_2 A_2 = u_2 \pi (2\mathrm{cm})^2$

$\dot{V_1} = \dot{V_2} \Rightarrow u_1 \pi 1\mathrm{cm}^2 = u_2 \pi 4\mathrm{cm}^2 \Rightarrow u_1 = 4u_2$

$\therefore$ 파이프 1에서의 유속은 파이프 2에 비해 4배이다.

8 포집한 분진의 양 = (대기흡입유량)×(시간)×(부유 분진의 농도)

$\therefore 720\mathrm{mg} = 1.0\mathrm{m}^3/\mathrm{min} \times 24\mathrm{h/day} \times 60\mathrm{min/h} \times$ (부유 분진의 농도)

$\Rightarrow 720{,}000\mu\mathrm{g} = 1{,}440\mathrm{m}^3/\mathrm{day} \times$ (부유 분진의 농도)

$\Rightarrow$ (하루 동안의 부유 분진의 농도) $= 500\mu\mathrm{g/m}^3$

9 ① 전단응력은 $\tau = \dfrac{F}{A}$이며 전단력을 전단면적으로 나눈 값이다.

② 운동점도는 중력을 고려한 점도를 의미하며 유체의 점도에 밀도로 나눈 값을 의미한다.

③ 뉴튼 유체란 전단응력과 유체의 속도변화율의 관계가 선형적인 관계를 가지는 유체이다.

④ 빙햄 유체는 뉴튼 유체와 동일하게 전단응력과 유체의 속도변화율의 관계가 선형적이지만, 전단응력이 점차 작아져도 특정한 점도를 갖는 특성을 갖는다.

10 Fourier's Law $Q = -kA \times \Delta T / \Delta x$ (k : 열전도도, A : 면적, T : 절대온도, x : 거리)를 이용한다.

$Q = A \times \dfrac{(T_2 - T_1)}{\dfrac{L_1}{k_1} + \dfrac{L_1}{k_1}}$ 에서 면적과 온도변화량은 금속재질과 코팅 두께 모두 동일하므로 분모의 항만 비교한다.

- 코팅제의 열전도 저항 : $\dfrac{k_1}{L_1} = \dfrac{2.0 \times 10^{-6}\mathrm{m}}{2.0 \times 10^{-2}\mathrm{W/m \cdot K}} = 10^{-4}\mathrm{K/W}$

- 금속재질의 열전도 저항 : $\dfrac{k_2}{L_2} = \dfrac{1.0 \times 10^{-2}\mathrm{m}}{10\mathrm{W/m \cdot K}} = 10^{-3}\mathrm{K/W}$

$\therefore$ 코팅으로 인해 열전도 저항의 증가율은 $\dfrac{10^{-4}\mathrm{K/W}}{10^{-3}\mathrm{K/W}} \times 100 = 10\%$

정답 및 해설 7.③ 8.③ 9.④ 10.②

11 레이놀즈(Reynolds)수의 물리적 의미는?

① $\dfrac{\text{마찰력}}{\text{점성력}}$

② $\dfrac{\text{관성력}}{\text{점성력}}$

③ $\dfrac{\text{압력}}{\text{관성력}}$

④ $\dfrac{\text{부력}}{\text{점성력}}$

12 열전달의 방법 중 복사(radiation)에 대한 설명으로 옳지 않은 것은?

① 복사 열전달에는 전달물질이 필요 없다.

② 흑체에서 단위 면적당 복사 에너지 방출 속도는 절대 온도의 네제곱에 비례한다.

③ 복사에 의한 에너지 전달량은 에너지가 교환되는 두 면이 완전진공에 의해 분리되어 있을 때 최소가 된다.

④ 흑체는 들어오는 복사 에너지를 반사하거나 투과하지 않는다.

13 정압 비열의 정의는? (단, H는 단위 질량당 엔탈피, P는 압력, T는 절대 온도, V는 단위 질량당 부피이다)

① $\left(\dfrac{\partial H}{\partial P}\right)_T$

② $\left(\dfrac{\partial H}{\partial P}\right)_V$

③ $\left(\dfrac{\partial H}{\partial T}\right)_V$

④ $\left(\dfrac{\partial H}{\partial T}\right)_P$

14 벤젠과 톨루엔의 혼합물이 기−액 평형을 이루고 있다. 기상에서 벤젠의 몰분율이 0.6일 때, 액상에서 톨루엔의 몰분율은? (단, 기체는 이상기체, 액상은 이상용액이며, 벤젠과 톨루엔의 증기압은 각각 1bar, 0.4bar이다)

① 0.5

② 0.625

③ 0.75

④ 0.875

---

11 레이놀즈의 수(Re)는 $\dfrac{\rho u D}{\mu}$(ρ : 밀도, u : 유속, D : 파이프직경, μ : 유체의 점도)와 같이 표현되며 분자항은 관성력이며 분모항은 점성력을 의미한다.

12 ① 복사에 의한 열전달에서는 열을 전달하는 매개체가 필요하지 않는다.
② 복사에 의한 열전달은 $Q = \sigma A T^4$ (σ : 볼츠만상수, A : 면적)의 관계가 성립하며 에너지 방출 속도는 절대온도의 4제곱에 비례한다.
③ 복사에 의한 에너지 전달량은 에너지가 교환되는 두 면이 완전진공에 의해 분리되어 있을 때 외부의 다른 곳으로 열전달이 이루어지지 않으므로 최대가 된다.
④ 흑체는 모든 복사에너지를 흡수하기에 반사하거나 투과하지 않는다.

13 비열은 온도 변화량에 따른 에너지 변화량을 의미하며, 정압은 압력이 일정한 상태를 의미한다.

∴ 정압 비열의 정의는 $\left(\dfrac{\partial H}{\partial T}\right)_P$ 으로 표현된다.

14
이성분계 이상용액에서 기액평형일 때, 다음과 같은 식이 이용된다. $y_1 = \dfrac{x_1 P_1^*}{P_2^* + (P_1^* - P_2^*)x_1}$

(y_1 : 성분 1의 기상몰분율, x_1 : 성분 1의 액상 몰분율, P_1^* : 순수한 성분 1의 증기압, P_2^* : 순수한 성분 2의 증기압)

$$y_1 = \frac{x_1 P_1^*}{P_2^* + (P_1^* - P_2^*)x_1} = \frac{1\text{bar} \times x_1}{0.4\text{bar} + (1\text{bar} - 0.4\text{bar}) \times x_1} = 0.6, \ x_1 = 0.375$$

∴ 액상에서의 톨루엔의 몰분율은 $1 - x_1 = 0.625$

정답 및 해설 11.② 12.③ 13.④ 14.②

15 아세톤(acetone)과 메틸에틸케톤(methyl ethyl ketone)의 혼합물이 기-액 평형을 이루고 있는 계의 경우와 같은 자유도(degree of freedom) 수를 갖는 것만을 모두 고르면?

> ㉠ 수증기와 평형을 이루고 있는 액체 물
> ㉡ 수증기 및 질소의 혼합물과 평형을 이루고 있는 액체 물
> ㉢ 자체의 증기와 평형을 이루고 있는 에탄올 수용액
> ㉣ 기체, 액체, 고체가 평형을 이루고 있는 순수한 메탄올

① ㉠, ㉡

② ㉠, ㉢

③ ㉡, ㉢

④ ㉡, ㉣

16 부피가 50.0cm³인 빈 비중병의 질량이 13.0g이다. 이 비중병에 분체를 가득 채운 후 측정한 질량은 37.0g이다. 분체로 가득 찬 비중병에 증류수를 넘치기 직전까지 넣었을 때 측정한 증류수의 부피가 30.0cm³이다. 이 분체의 겉보기밀도가 0.90g · cm⁻³일 때, 공극률은? (단, 분체로 가득 찬 비중병에 증류수를 넣을 때 증류수를 조금씩 천천히 넣어 분체 내부에 있는 기포를 완전히 제거하였고, 비중병으로부터 넘쳐 나온 분체는 전혀 없다)

① 0.20

② 0.25

③ 0.30

④ 0.35

17 일정한 온도에서 성분 A와 성분 B로 이루어진 라울(Raoult)의 법칙을 따르는 혼합물이 기-액 평형에 있다. 성분 B에 대한 성분 A의 상대 휘발도 α_{AB}를 나타낸 것으로 옳은 것은? (단, p_i^*는 성분 i의 증기압, x_i는 성분 i의 액상에서의 몰분율, y_i는 성분 i의 기상에서의 몰분율을 나타낸다)

① $\dfrac{p_A^*}{p_B^*}$

② $\dfrac{y_A}{y_B}$

③ $\dfrac{x_A}{x_B}$

④ $\dfrac{x_A y_A}{x_B y_B}$

---

15 깁스상률 : $F = 2 - \pi + N$ (F : 계의자유도, π : 상의 수, N : 화학종의 수)

아세톤 – 메틸에틸케톤 혼합물이 기-액 평형을 이룰 때 자유도

상의 수 : 2개 (기체, 액체), 화학종의 수 : 2개 (아세톤, 메틸에틸케톤) $\therefore F = 2 - 2 + 2 = 2$

㉠ 상의 수 : 2개 (기체, 액체), 화학종의 수 : 1개 (H_2O) $\therefore F = 2 - 2 + 1 = 1$

㉡ 상의 수 : 2개 (기체, 액체), 화학종의 수 : 2개 (질소, H_2O) $\therefore F = 2 - 2 + 2 = 2$

㉢ 상의 수 : 2개 (기체, 액체), 화학종의 수 : 2개 (에탄올, H_2O) $\therefore F = 2 - 2 + 2 = 2$

㉣ 상의 수 : 3개 (기체, 액체, 고체), 화학종의 수 : 1개 (메탄올) $\therefore F = 2 - 3 + 1 = 0$

16 • 분체의 질량 : 분체+비중병의 질량 – 비중병의 질량 = 37.0g – 13.0g = 24.0g

• 분체의 부피 : 비중병의 부피 – 분체를 포함한 비중병에서 물을 채운 양 = 50㎤ – 30㎤ = 20㎤

• 분체의 진밀도 : 질량/부피 $\Rightarrow$ 24.0g/20.0㎤ = 1.2g/㎤

• 공극률(n) = 1 – 겉보기밀도 / 진밀도 = $\left(1 - \dfrac{0.9\text{g/㎤}}{1.2\text{g/㎤}}\right) = \dfrac{1}{4}$

17 성분 B에 대한 성분 A의 상대 휘발도는 다음과 같이 정의된다.

$$\alpha_{AB} = \dfrac{p_A^*}{p_B^*} = \dfrac{P_A/x_A}{P_B/x_B} = \dfrac{y_A x_B}{y_B x_A}$$

18 4단계의 가역공정(단열압축(A) → 등온팽창(B) → 단열팽창(C) → 등온압축(D))으로 구성된 카르노사이클(Carnot cycle)의 $T-S$선도로 옳은 것은? (단, T는 절대 온도, S는 단위 몰당 엔트로피이다)

①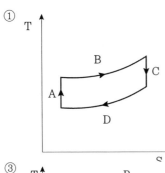

②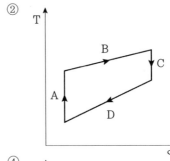

③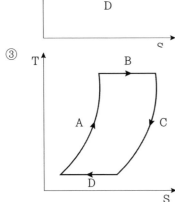

④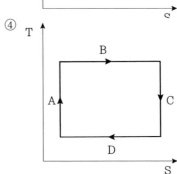

19 지름이 2cm인 수평 원통관을 통하여 레이놀즈수가 240인 조건으로 유체를 수송하던 중, 관이 파손되어 새로운 관으로 교체하였다. 교체된 관의 지름이 4cm이고, 동일한 유체를 같은 부피 유량만큼 수송할 때, 레이놀즈수는?

① 120
② 160
③ 240
④ 480

20 20°C 공기 중에 부피 500mL의 직육면체 철판이 단열 바닥재 위에 놓여 있다. 철판이 220°C로 유지될 때, 철판으로부터 대류로 인한 열전달 속도[W]는? (단, 대류 열전달 계수는 $10\text{W} \cdot \text{m}^{-2} \cdot °\text{C}^{-1}$이고 단열 바닥재에 놓여 있는 철판 접촉면의 가로, 세로 길이는 각각 20cm, 25cm이다. 열은 정상상태로 전달되며 공기의 온도는 일정하다)

① 100
② 118
③ 200
④ 218

---

18 카르노 사이클은 가역 등온과정 → 단열팽창 → 가열 등온압축 → 단열 압축의 순서로 이루어진다.
따라서 이를 바탕으로 아래의 PV선도와 TS선도를 그리면 다음과 같다.

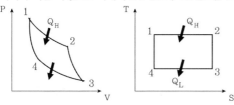

19 레이놀즈의 수(Re)는 $\dfrac{\rho u D}{\mu}$ (ρ : 밀도, u : 유속, D : 파이프직경, μ : 유체의 점도)

• 2cm 직경의 원통관에서의 레이놀즈 수 : $\dfrac{\rho u D}{\mu} = \dfrac{\rho u_1 2\text{cm}}{\mu} = 240$

• 4cm 직경의 원통관에서의 유속 : $u_1 A_1 = u_2 A_2$ (부피유량이 동일하기 때문에 성립)

$$\therefore u_2 = \frac{u_1 A_1}{A_2} = u_1 \frac{2^2}{4^2} = \frac{u_1}{4}$$

• 4cm 직경의 원통관에서의 레이놀즈 수 : $\dfrac{\rho u D}{\mu} = \dfrac{\rho \dfrac{u_1}{4} 4\text{cm}}{\mu} = \dfrac{\rho u_1}{\mu} = 120$

20 대류의 열전달 $Q = Ah(T_2 - T_1)$ (A : 면적, h : 대류 열전달 계수)
철판의 부피가 500ml이며, 가로와 세로의 길이가 각각 20cm, 25cm이므로 높이는 1cm이다.
철판이 단열 바닥재 위에 놓여있으므로 열 전달이 이루어지는 면은 아랫면을 제외한 5곳이다.
• 철판의 면적(A) : 20cm×25cm = 500cm² (A_1), 20cm×1cm = 20cm² (A_2), 25cm×1cm = 25cm² (A_3)
• 열전달 속도(W)

$\Rightarrow Q = Ah(T_2 - T_1)$

$\Rightarrow Q = h(T_2 - T_1)(A_1 + 2A_2 + 2A_3)$

$\Rightarrow Q = h(T_2 - T_1)(500 + 2 \times 25 + 2 \times 20) = h(T_2 - T_1) \times 590\text{cm}^2$

$\Rightarrow Q = Ah(T_2 - T_1) = 590\text{cm}^2 \times \dfrac{1\text{m}^2}{10^4\text{cm}^2} \times 10\text{W/m}^2 \cdot °\text{C} \times (220°\text{C} - 20°\text{C}) = 118\text{W}$

정답 및 해설 18.④ 19.① 20.②

1 0.01440의 유효 숫자 개수는?

① 3개

② 4개

③ 5개

④ 6개

2 다음 멱법칙(power-law)은 유체의 전단 변형률과 전단응력에 대한 관계를 기술한다. 이에 대한 설명으로 옳지 않은 것은? (단, τ는 전단응력, v는 유체의 속도, dv/dy는 전단 변형률이다)

$$\tau = m\left|\frac{dv}{dy}\right|^{n-1}\frac{dv}{dy}$$

① 유사가소성(pseudoplastic) 유체에 대한 n값은 1보다 크다.

② 팽창성(dilatant) 유체의 점도는 전단 변형률이 증가함에 따라 증가한다.

③ 뉴튼 유체의 경우 n값은 1이다.

④ m과 n의 값은 유체의 특성에 따라 달라진다.

1 유효숫자는 계산방법은 다음과 같다.

㉠ 0이 아닌 정수는 모두 유효숫자이다.

㉡ 소수점을 포함하는 경우 자릿수를 나타내는 0은 유효숫자가 아니다.

㉢ 숫자 가운데에 오는 0은 유효숫자이다.

㉣ 숫자 끝에 오는 0은 소수점일 경우에만 유효숫자이다.

∴ 0.01440의 유효숫자는 소수 두 번째 자리에 있는 1부터 5번째 자리에 있는 0까지 1,4,4,0 총 4개이다.

2 뉴턴 유체에서 전단응력 $\tau = \mu \dfrac{du}{dy}$ 의 관계식은 속도구배에 비례상수 점도μ(여기서 m)를 곱한 형태로 표현 된

다. 따라서 관계식 $\tau = m \left| \dfrac{dv}{dy} \right|^{n-1} \dfrac{du}{dy}$ 은 ($n \neq 1$) 비뉴턴 유체에 해당한다.

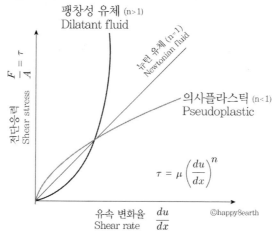

① 유사가소성 유체는 유속 변화율이 증가함에 따라 증가되는 전단응력이 점차 감소가 되므로 전체 $\dfrac{dv}{dy}$ 의 지

수는 1보다 작다. 따라서 n은 1보다 작아야 한다.

② 유체의 전단 변형률에 따른 전단 응력에 대한 그래프를 나타냈을 때 각 지점의 기울기가 유체의 점도이므로 팽창성 유체의 점도는 전단 변형률이 증가함에 따라 증가한다.

③ 뉴튼 유체의 경우 $\tau = \mu \dfrac{du}{dy}$ 관계를 가지므로 n은 1이다.

④ 유체의 특성에 따라 m과 n은 달라진다.

정답 및 해설 1.② 2.①

3 흑체의 총복사방출능(emissive power)은 흑체 절대 온도의 4제곱에 비례한다는 법칙은?

    ① 뉴튼의 냉각법칙(Newton's law of cooling)

    ② 푸리에의 법칙(Fourier's law)

    ③ 슈테판−볼츠만의 법칙(Stefan−Boltzmann's law)

    ④ 플랑크의 법칙(Planck's law)

4 전달단위 수(number of transfer unit)가 4이고 전달단위 높이(height of transfer unit)가 2 m인 충전 흡수탑의 높이[m]는?

    ① 2   ② 6

    ③ 8   ④ 16

5 창고의 단열을 위해 A층과 B층으로 이루어진 이중벽을 만들었다. A층과 B층의 열전달 저항 [K · W⁻¹]은 각각 R_A, R_B이고, 벽 내부와 외부의 온도[K]는 각각 T_A, T_B이며, 열은 정상상태로 x축 방향으로만 전달된다. 벽을 통한 열전달 속도[W]는? (단, $T_A > T_B$)

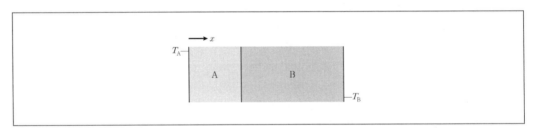

    ① $\dfrac{T_A - T_B}{1/R_A + 1/R_B}$

    ② $\dfrac{T_A - T_B}{R_A + R_B}$

    ③ $\dfrac{1/R_A + 1/R_B}{T_A - T_B}$

    ④ $\dfrac{R_A + R_B}{T_A - T_B}$

6 분쇄공정에서 고려해야 할 재료 특성 중 마모에 대한 저항의 척도는?

① 질김성(toughness)

② 응집성(cohesivity)

③ 섬유성(fibrous nature)

④ 경도(hardness)

---

3 복사에 의한 열전달은 슈테판–볼츠만의 법칙인 $Q = \sigma A T^4$(σ : 볼츠만상수, A : 면적)의 관계가 성립하며 에너지 방출 속도는 절대 온도의 네제곱에 비례한다.

4 충전 흡수탑의 높이는 전달단위 수(number of transfer unit)와 전달단위 높이(height of transfer unit)를 곱한 값으로 계산된다.

∴ 충전탑의 높이 = NTU×HTU ⇒ 4×2m = 8m

5 Fourier's Law를 기반으로, 열전달 속도는 두 지점의 온도차에 비례하며 각 지점에 해당하는 열전달 저항의 합에 반비례하는 관계식을 갖는다.

∴ 열전달 속도는 $\dfrac{(T_A - T_B)}{R_A + R_B}$ 식을 통해 구할 수 있다.

6 경도 – 소성변형에 대한 저항으로 hardness로 정의되거나 마모 또는 절단, 긁힘에 대한 저항으로 정의된다.

정답 및 해설 3.③ 4.③ 8.② 6.④

7 불균일계 반응기에 대한 설명으로 옳지 않은 것은?

① 고정층 반응기(fixed bed reactor)에서는 고체촉매를 충진 · 고정한 층에 반응기체를 흘려 준다.

② 기포탑 반응기(bubble column reactor)는 탑 아래에 있는 기체 분산기를 통해 기체를 액상에 불어 넣는다.

③ 이동층 반응기(moving bed reactor)는 고체 입자가 반응기 내를 중력이나 기계적 힘을 통해 이동하면서 반응이 진행된다.

④ 유동층 반응기(fluidized bed reactor)는 유체의 유동을 크게 만들어 고정된 촉매와 유체 간의 강한 충돌을 유도하여 반응의 효율을 높일 수 있다.

8 공정 엔지니어가 공정을 한눈에 파악할 수 있도록 장비, 밸브 및 이음 등을 포함한 상세 정보, 기술적 세부 사항과 물질사양, 제어라인 등을 포함한 정보를 제공할 수 있는 것은?

① 블록선도(block diagram)

② 상평형도(phase diagram)

③ 공정흐름도(process flow diagram)

④ 배관계장도(piping and instrumentation diagram)

9 50mol% A와 50mol% B로 구성된 원료(feed)가 과냉각된 액상으로 증류탑에 공급된다. 공급 원료 1mol당 원료 공급단(feed stage)으로 유입되는 증기 흐름 중 0.5mol이 액화될 때, 원료 공급선(feed line)은?

① $y = 3x - 1$

② $y = -x + 1$

③ $y = x - 1$

④ $y = -3x + 1$

10 비압축성 뉴튼 유체의 흐름을 설명하는 Navier-Stokes 식을 유도할 수 있는 법칙은?

① 아보가드로의 법칙

② 질량보존의 법칙

③ 열역학 제2법칙

④ 뉴튼의 운동 제2법칙

---

7 ① 고정층 반응기에서는 고체촉매로 충진 및 고정된 층에 반응기체를 흘려주어 기체가 고정된 촉매에 반응이 일어나도록 한다.

② 기포탑 반응기에서는 액상으로 채워진 탑 하단부에 기체를 불어 넣어 서로간의 반응이 일어나도록 한다.

③ 이동층 반응기에서는 고체 입자가 반응기 내를 중력이나 기계적 힘을 통해 이동하면서 반응물과 서로 반응한다.

④ 유동층 반응기에서는 유체가 고체입자의 유동을 크게 일으켜 유동화 된 입자와 유체간의 서로간의 강한 충돌을 야기하여 반응의 효율을 높인다.

8 ① 블록선도 : 실제 공정의 각 요소들을 기능에 따라 블록으로 나타내고, 블록간의 관계를 선으로 연결하여 공정을 표현한다.

② 상평형도 : 특정 온도와 기압 등의 세기변수 하에서 물질의 상 사이의 평형상태를 나타낸 도표이다.

③ 공정흐름도 : 주요 프로세스 흐름을 간략히 표현, 밸브, 컨트롤, 보조라인 미기입, 기본적인 정보만 제공하며 도면 하단에 흐름을 분류하여 표기한다.

④ 배관계장도 : 장비, 밸프 및 이음 등을 포함한 상세정보, 기술적 세부 사항과 물질사양 및 제어라인 등을 포함하여 상세한 정보를 제공한다.

9 • 간단한 풀이 : 공급물이 비점이하의 차가운 액체인 경우 원료선의 기울기는 1보다 큰 양의 부호를 갖는다.

• 상세한 풀이 : 원료부의 조작선 방정식 $y = \dfrac{q}{(q-1)}x - \dfrac{x_f}{(q-1)}$ (q : 액체로 들어가는 비율, x_f : 액상의 몰분율) q는 공급원료 1mol과 액화된 0.5mol이 모두 액체이므로 1.5이며, x_f는 물질의 조성이 50mol%이므로 0.5이다.

$$\therefore\ y = \frac{q}{(q-1)}x - \frac{x_f}{(q-1)} = \frac{1.5}{1.5-1}x - \frac{0.5}{1.5-1} = 3x - 1$$

10 나비에-스토크스 방정식은 점성을 가진 유체의 운동을 기술하는 비선형 편미분방정식이며, 뉴튼의 운동 제2법칙에 근간하여 정리된 식이다.

11 실제기체가 이상기체 상태 방정식을 근사적으로 만족시킬 수 있는 조건만을 모두 고르면?

> ㉠ 분자의 크기가 작을수록
> ㉡ 온도가 낮을수록
> ㉢ 압력이 낮을수록

① ㉠, ㉡
② ㉠, ㉢
③ ㉡, ㉢
④ ㉠, ㉡, ㉢

12 추출에 대한 설명으로 옳지 않은 것은?

① 고-액 추출은 침출(leaching)이라고도 한다.
② 증류에 의한 분리가 비효율적인 액체 혼합물에 대해 액-액 추출은 주요 대체공정 중 하나이다.
③ 거의 같은 기포점을 갖는 석유제품들을 분리할 때 활용된다.
④ 추출용매에 대해 유사한 용해도를 갖는 성분들로 구성된 액체 혼합물의 분리에 효과적이다

13 유체가 흐르는 방향과 반대 방향으로의 흐름이 발생하는 것을 방지하기 위한 밸브는?

① 게이트밸브
② 글로브밸브
③ 체크밸브
④ 볼밸브

14 균일한 단열재로 만들어진 벽을 이용하여 보일러의 열손실을 20,000W · m⁻²으로 유지하고자
한다. 단열재 벽의 내부와 외부 온도가 각각 500°C와 100°C일 때, 단열재 벽의 두께[m]는?
(단, 단열재 벽의 열전도도는 0.5W · m⁻¹ · K⁻¹이고, 정상상태 한 방향 열전도를 가정한다)

① 0.01

② 0.02

③ 0.05

④ 0.1

---

11 실제기체가 이상기체 상태 방정식을 근사적으로 만족시키기 위해서는 분자간의 상호작용이 거의 일어나지 않아
야 한다. 따라서 이에 대한 조건으로는 다음과 같다.
① 분자의 몰질량 (혹은 크기)가 작을수록
② 분자의 개수가 적을수록
③ 온도가 높을수록
④ 압력이 낮을수록

12 ① 침출(leaching)은 고체 혼합물에 용매를 가하여 특정한 성분을 분리하는 고-액 추출 조작이다.
②③ 증류를 통해 끓는점 및 기포점의 차이로 분별하기 어려운 경우, 액체 혼합물은 특정 용매에 대한 가용성
의 차이로 인해 분리하는 추출 공정을 도입하기도 한다.
④ 추출용매에 대한 용해도 차이가 확연하게 드러나는 성분들로 구성된 액체 혼합물의 분리에 효과적이다.

13 유체를 한쪽 방향으로 보내어 역류를 방지하는 밸브로는 체크밸브가 있으며, 그 종류에는 대표적으로 스윙체크
밸브, 리프트 체크밸브, 볼체크밸브 등이 있다.

14 Fourier's Law $Q = -kA \times \Delta T / \Delta x$ (k : 열전도도, A : 면적, T : 절대온도, x : 거리)를 이용한다.

따라서 면적당 열 손실량은 $\dfrac{Q}{A} = k\dfrac{\Delta T}{\Delta x}$ 로 쓸 수 있다.

㉠ $\Delta T = (500 + 273) - (100 + 273) = 400\text{K}$

㉡ $\Delta x = L$ (단열재 벽의 두께)

㉢ $\dfrac{Q}{A} = 20,000\text{W/m}^2$

$\therefore L = k\dfrac{\Delta T}{\dfrac{Q}{A}} = 0.5\text{W/m} \cdot \text{K} \times \dfrac{400\text{K}}{20,000\text{W/m}^2} = 0.01\text{m}$

정답 및 해설 11.② 12.④ 13.③ 14.①

15 정상상태에서 분자확산을 기술하는 Fick의 제1법칙에 대한 설명으로 옳은 것만을 모두 고르면?

> ㉠ 플럭스(flux)는 농도구배에 비례한다.
> ㉡ 확산거리와 플럭스(flux)는 비례한다.
> ㉢ 확산계수가 커지면 플럭스(flux)는 증가한다.

① ㉠, ㉡

② ㉠, ㉢

③ ㉡, ㉢

④ ㉠, ㉡, ㉢

16 내경 40cm인 원통형 도관 내부를 비압축성 뉴튼 유체 A가 평균 유속 20cm · s⁻¹로 흐르고 있다. 이 흐름이 층류이고 패닝(Fanning) 마찰계수가 0.2일 때, 유체 A의 동점도[$cm^2 \cdot s^{-1}$]는?

① 0.1

② 1

③ 10

④ 100

17 비압축성 뉴튼 유체 A가 중심 유속이 4m · s⁻¹인 정상상태의 완전발달흐름으로 단면적 1m²인 원통형 도관 내부를 층류로 흐를 때, 유체 A의 부피 유속[$m^3 \cdot s^{-1}$]은?

① 0.5

② 2

③ 4

④ 6

15 Fick의 제1법칙은 $J_{AB} = -D_{AB}\dfrac{dC_A}{dx}$ 이며, 확산플럭스 J_{AB}는 확산계수, 농도기울기와 비례관계이며, 확산거리와는 반비례 관계이다.

16 ㉠ 레이놀즈의 수와 패닝 마찰계수와의 관계는 $f = \dfrac{16}{N_{Re}}$ 이며 패닝 마찰계수가 0.2이므로 레이놀즈 수는

$$N_{Re} = \frac{16}{f} = \frac{16}{0.2} = 80 \text{이다.}$$

㉡ 레이놀즈의 수와 동점도와의 관계는 $N_{Re} = \dfrac{D \cdot u}{\nu}$ (D : 직경, u : 유속, ν : 동점도)

$$\therefore \ \nu = \frac{D \cdot u}{N_{Re}} = \frac{40\text{cm} \times 20\text{cm/s}}{80} = 10\text{cm}^2/\text{s}$$

17 정상상태의 완전발달흐름이므로 유체의 평균 유속은 중심유속의 절반인 2m/s 가 된다.
부피유속은 $\dot{V} = uA$의 관계를 통해 구할 수 있으므로 $\dot{V} = 2\text{m/s} \times 1\text{m}^2 = 2\text{m}^3/\text{s}$ 이다.

정답 및 해설 15.② 16.③ 17.②

18 다공성 촉매를 이용한 불균일계 촉매반응에서의 물질전달에 대한 설명으로 옳지 않은 것은?

① 벌크(bulk) 유체의 속도가 충분히 빠르면 벌크 유체로부터 촉매 표면으로의 외부 물질전달 단계가 반응의 속도결정단계이다.

② 촉매 입자의 크기가 작을수록 경계층의 두께가 줄어들어 외부 물질전달 저항이 줄어든다.

③ 벌크 유체의 속도는 촉매 입자 내부에서의 물질 확산에 영향을 주지 않는다.

④ 기공의 크기가 기체 분자의 평균자유경로보다 작으면 다공성 촉매 기공 내부에서의 기체 확산은 Knudsen 확산으로 설명할 수 있다.

19 1atm의 압력하에서 성분 A와 성분 B로 구성된 혼합물이 기−액 상평형을 이루고 있다. 액상에서 B의 몰분율이 0.2이고 기상에서 B의 부분압이 0.6atm일 때, A에 대한 B의 상대 휘발도는? (단, 기상은 이상기체이고, 액상은 이상용액이다)

① 6

② 8

③ 10

④ 12

20 내경 0.1m인 원통형 도관을 이용하여 유체 A를 $4cm \cdot s^{-1}$의 평균 유속으로 100m 이송할 때 발생하는 압력손실[Pa]은? (단, 유체 A의 밀도와 점도는 각각 $0.8g \cdot cm^{-3}$, $0.1Pa \cdot s$이고, 유체의 흐름은 Hagen−Poiseuille 식을 만족한다)

① 1,080

② 1,280

③ 1,480

④ 1,680

18 ① 벌크 유체의 속도가 충분히 빠르면 촉매 내부로 전달되는 속도가 상대적으로 낮기 때문에 반응의 속도결정 단계는 내부 물질전달 단계가 된다.

② 벌크 유체의 속도가 빠를수록 촉매 입자의 크기가 작을수록 경계층의 두께가 점차 줄어들기 때문에 외부 물질전달 저항이 감소된다.

③ 벌크 유체의 속도가 충분히 빨라 반응의 속도결정단계가 내부 물질전달 단계가 되면, 벌크 유체의 속도는 촉매 입자 내부에서의 물질 확산에 영향을 주지 않는다.

④ 기체가 기공을 통과할 때, 기공의 크기가 분자의 평균 자유 이동거리보다 작아 다른 분자들과 충돌하는 분율보다 벽과 충돌할 분율이 더 크게 되는 경우 이러한 확산을 Knudsen 확산이라고 한다.

19

이성분계에 대한 상대휘발도 $\alpha_{AB} = \dfrac{\dfrac{y_B}{x_B}}{\dfrac{y_A}{x_A}}$ 를 통해 구한다.

($y_A,\ y_B$: 기상에 대한 A와 B의 몰분율, $x_A,\ x_B$: 액상에 대한 A와 B의 몰분율)

x_B가 0.2이므로 $x_A = 1 - x_B = 0.8$

부분압의 법칙에 의해 전체 압력에 대한 해당 부분압은 몰분율과 동일하므로 $y_B = 0.6$, $y_A = 1 - y_B = 0.4$

$\therefore$ 상대휘발도 $\alpha_{AB} = \dfrac{\dfrac{y_B}{x_B}}{\dfrac{y_A}{x_A}} = \dfrac{\dfrac{0.6}{0.2}}{\dfrac{0.4}{0.8}} = 6$

20

Hagen-Poiseuille식을 유량에 대해 나타낸 식은 $Q = \dfrac{\Delta P \pi d^4}{128 L \mu}$ (ΔP : 압력강하, d : 관의직경, L : 관의 길이, μ

: 점도) 이를 압력강하에 대해 정리하면 $\Delta P = \dfrac{Q \times 128 L \mu}{\pi d^4}$ 이다.

유량 $Q = uA = u\dfrac{\pi}{4}d^2 = 0.04\text{m/s} \times \dfrac{\pi}{4} \times (0.1\text{m})^2 = \pi \times 10^{-4}\,\text{m}^3/\text{s}$

압력강하 $\Delta P = \dfrac{Q \times 128 L \mu}{\pi d^4} = \dfrac{\pi \times 10^{-4}\,\text{m}^3/\text{s} \times 128 \times 100\text{m} \times 0.1\text{Pa} \cdot \text{s}}{\pi \times (0.1\text{m})^4} = 1{,}280\text{Pa}$

정답 및 해설 18.① 19.① 20.④

1 기체의 농도 400ppm에 해당하는 백분율 농도[%]는?

① 4

② 0.4

③ 0.04

④ 0.004

2 밸브(valve)에 대한 설명으로 옳지 않은 것은?

① 체크 밸브(check valve)는 역류를 방지하기 위해 사용된다.

② 글로브 밸브(globe valve)는 유체의 흐름을 수직방향으로 바꾸기 위해 사용된다.

③ 안전 밸브(safety valve)는 유체의 압력이 설정 압력을 초과하면 개방된다.

④ 게이트 밸브(gate valve)가 반 정도 열렸을 때에는 유체의 흐름이 흐트러져서 와류가 생길 수 있다.

3 흑체의 온도를 2,000K에서 1,500K으로 낮출 때, 2,000K 대비 1,500K에서 방출되는 복사에너지의 비는?

① $\dfrac{81}{256}$

② $\dfrac{9}{16}$

③ $\dfrac{16}{9}$

④ $\dfrac{256}{81}$

4 이상 반응기(ideal reactor)에 대한 설명으로 옳지 않은 것은?

① 반응기 내 온도와 반응물의 농도는 반응속도에 영향을 주는 인자이다.

② 회분식 반응기에서는 반응시간에 따라 반응물의 농도가 달라진다.

③ 플러그 흐름 반응기(PFR)에서는 반응물이 흘러가며 반응이 일어난다.

④ 연속교반 탱크 반응기(CSTR)는 정상상태에서 반응기 내부와 출구의 반응물 농도가 다르다.

---

1 ppm(parts per million)은 백만분의 1을 의미한다(0.000001). 이를 퍼센트로 환산하기 위해 100을 곱하면 1ppm에 해당하는 퍼센트 농도는 0.0001%이다.

∴ 400ppm = 0.04%

2 ① 체크밸브는 유체를 한쪽 방향으로 보내며 이를 통해 역류를 방지한다.

② 글로브 밸브는 유체의 흐름과 수직방향으로 디스크를 이용하여 개폐하는 밸브이며, 유체의 흐름을 바꾸지 않는다.

③ 안전밸브는 유체의 압력의 규정의 최고 사용압력 이상에 도달 하였을때 유체를 자동으로 방출하여 규정이상의 압력이 되어 폭발되는 위험을 방지한다.

④ 게이트 밸브를 조금 열어 사용하는 경우에 디스크와 유체의 충돌로 인해 와류가 생기며 이로 인해 유체의 저항이 커질 수 있기에 완전 개폐하여 사용하는 것을 원칙으로 한다.

3 복사에 의한 열전달과 관련된식 $W = \sigma A T^4$ 을 이용한다. (σ : 볼츠만상수, A : 면적)

① 흑체의 온도가 2,000K일 경우 : $W_{2000K} = \sigma A \times (2,000K)^4$

② 흑체의 온도가 1,500K일 경우 : $W_{1500K} = \sigma A \times (1,500K)^4$

∴ 2,000K 대비 1,500K에서 방출되는 복사에너지 비는

$$\frac{W_{1500K}}{W_{2000K}} = \frac{\sigma A \times (1,500K)^4}{\sigma A \times (2,000K)^4} = \frac{(1,500K)^4}{(2,000K)^4} = \frac{3^4}{4^4} = \frac{81}{256} \text{ (볼츠만상수와 면적은 동일하다)}$$

4 ① 반응속도(r)은 다음과 같은 식 $r = -k[A]^n [B]^m \cdots$ (k : 반응속도 상수, $[A], [B] \cdots$: 반응물의 각 농도, $n + m \cdots$: 반응차수)로 표현되며 반응속도 상수 k는 $k(T) = A exp(-\frac{Ea}{RT})$, 이처럼 온도의 함수이므로 반응기 내 온도와 반응물의 농도는 반응속도에 영향을 준다.

② 회분식 반응기 설계식은 $\frac{dC_A}{dt} = r_A$ (C_A : 반응물 농도, r_A : 반응속도) 이므로 시간에 따라 반응물의 농도가 달라지는 것을 전제로 하며 이로 인해 반응속도에 영향을 준다.

③ 플러그 흐름 반응기(PFR)는 긴 관형태의 반응기로 축방향으로 반응물이 이동하면서 지속적인 반응이 일어난다.

④ 연속교반 탱크 반응기(CSTR)는 정상상태이므로 반응기 내부와 출구 모두 반응물의 농도가 동일하다.

정답 및 해설 1.③ 2.② 3.① 4.④

5 다음 중 차원(dimension)이 다른 것은?

① 열용량(heat capacity)

② 기체 상수(gas constant)

③ 몰 엔트로피(molar entropy)

④ 볼츠만 상수(Boltzmann constant)와 아보가드로 상수(Avogadro constant)의 곱

6 그림과 같은 구조의 원형관 속에서 비압축성 유체의 흐름이 정상상태 층류이고, 직경이 d인 2개의 관 속 유체의 거동은 같다. 직경이 $4d$인관의 중심지점 A를 지나는 유체의 질량속도가 $2\text{kg s}^{-1}\text{m}^{-2}$일 때, 직경이 d인 관의 중심지점 B를 지나는 유체의 질량속도[$\text{kg s}^{-1}\text{ m}^{-2}$]는? (단, 마찰손실은 무시한다)

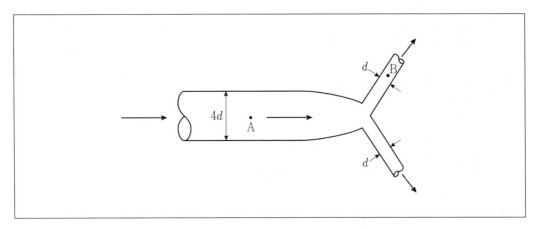

① 1

② 4

③ 8

④ 16

7 단면적이 일정한 원통형 수평관을 흐르는 유체에 Hagen-Poiseuille 식이 적용될 때, 관의 반지름, 관의 길이, 압력차($\triangle$P)가 각각 2배로 커지면 부피 유량은 몇 배로 커지는가? (단, 유체의 점도는 일정하다)

① 2

② 4

③ 8

④ 16

---

5 단위가 같으면 차원은 동일하기에 단위 분석을 진행한다.

① 열용량 단위 : $\dfrac{J}{K}$

② 기체상수 단위 : $\dfrac{J}{mol \cdot K}$

③ 몰 엔트로피 단위 : $\dfrac{J}{mol \cdot K}$

④ 볼츠만 상수 단위 : $\dfrac{J}{K}$, 아보가드로상수 단위 : mol^{-1}, 이 둘의 곱의 단위 : $\dfrac{J}{mol \cdot K}$

6 질량보존의 법칙 ($\dot{m}_{입량} = \dot{m}_{출량}$)을 활용한다.

① 입량 질량속도 : $2\,kg\,s^{-1}\,m^{-2}$에서 면적을 보정 해주면 $(4d)^2 \times 2\,kg\,s^{-1}\,m^{-2} = 32d^2\,kg\,s^{-1}$

② 출량 질량속도 : 2(관이 2개)$\times d^2 \times x\,kg\,s^{-1}\,m^{-2} = 2d^2 x\,kg\,s^{-1}$

∴ 입량 = 출량 관계에 의해 $32d^2\,kg\,s^{-1} = 2d^2 x\,kg\,s^{-1}$, $x = 16$

7 Hagen-Poiseuille식을 유량에 대해 나타낸 식은 다음과 같다.

$Q = \dfrac{\triangle P \pi d^4}{128 L \mu}$ ($\triangle P$: 압력차, d : 관의 반지름, L : 관의 길이, μ : 점도)

관의 반지름, 관의 길이, 압력차가 각 2배씩 커지면, 결국 $Q \propto d^4$이므로 유량은 16배가 된다.

정답 및 해설 5.① 6.④ 7.④

8 유체의 열확산계수(thermal diffusivity)에 대한 설명으로 옳지 않은 것은?

① m^2s^{-1}을 단위로 사용할 수 있다.

② 유체의 열전도도, 밀도, 점도를 이용하여 계산할 수 있다.

③ 다른 조건이 같을 때, 유체의 밀도가 클수록 열확산계수는 더 작다.

④ 유체 운동이 없을 때의 열확산식(heat diffusion equation)에서 계수로 사용된다.

9 단면적 $0.1m^2$, 길이 2m의 원형 칼럼(column) 내부에 밀도 $1,000kgm^{-3}$인 흡착제 A와 밀도 $2,500kgm^{-3}$인 흡착제 B를 각각 1m씩 충진하였다. 흡착제 A와 B의 질량이 각각 60kg과 50kg일 때, 전체 칼럼 내부의 공극률(voidage)[%]은? (단, 흡착제 A와 B는 서로 섞이지 않는다)

① 30

② 40

③ 50

④ 60

10 지열을 이용하는 카르노 열펌프(Carnot heat pump)로 온실을 난방하고 있다. 지열의 열원 온도가 280K이고 온실의 열손실이 6kW일 때, 온실 온도를 300K으로 유지하기 위해 열펌프를 가동하는 데 필요한 최소 동력의 양[W]은?

① 375

② 400

③ 425

④ 450

8 유체의 열확산계수는 $\alpha = \dfrac{k}{\rho C_p}$ $(k$: 열전도율$[W/m \cdot K]$, ρ: 밀도$[kg/m^3]$, C_p: 비열용량$[J/kg \cdot K]$)으로 표현된다.

① 위 식을 토대로 단위를 구하면 $\dfrac{\dfrac{W}{m \cdot K}}{\dfrac{kg}{m^3} \times \dfrac{J}{kg \cdot K}} = \dfrac{\dfrac{J}{m \cdot K \cdot s}}{\dfrac{kg}{m^3} \times \dfrac{J}{kg \cdot K}} = \dfrac{m^2}{s}$ 이다.

② 위의 식에 의하여 열확산계수는 열전도율, 밀도, 비열용량으로 계산할 수 있다.

③ 유체의 밀도와 열확산계수는 반비례하므로 밀도가 클수록 열확산계수는 더 작아진다.

④ 유체의 운동이 없는 경우 길이에 대한 변화가 없기에 열 확산식에서 계수(상수)값으로 사용 될 수 있다.

9 공극률은 다음과 같은 식을 통해 구한다. 공극률(%) = $\dfrac{\text{칼럼내 전체부피} - \text{충진된고체의 부피}}{\text{칼럼내 전체부피}} \times 100\%$

① 칼럼 내 전체부피 : 면적×높이 $\Rightarrow V = 0.1m^2 \times 2m = 0.2m^3$

② 충진 된 A고체의 부피 : $\dfrac{\text{질량}}{\text{밀도}}$ $\Rightarrow V_A = 60kg \times \dfrac{1}{1,000kg/m^3} = 0.06m^3$

③ 충진 된 B고체의 부피 : $\dfrac{\text{질량}}{\text{밀도}}$ $\Rightarrow V_B = 50kg \times \dfrac{1}{2,500kg/m^3} = 0.02m^3$

$\therefore$ 공극률 = $\dfrac{V - V_A - V_B}{V} \times 100\% = \dfrac{0.2 - 0.06 - 0.02}{0.2} \times 100\% = 60\%$

10

```
─────────────────────
   300 K  (T_H)
─────────────────────
        │        손실
        │W  ───→  Q
─────────────────────
   280 K  (T_C)
─────────────────────
```

열 효율과 관련된 식을 적용한다. $\eta = \dfrac{|W|}{|Q_H|} = \dfrac{|Q_H| - |Q_C|}{|Q_H|} = 1 - \dfrac{|Q_C|}{|Q_H|} = 1 - \dfrac{T_C}{T_H}$

① 지열의 열원으로부터 300K인 온실을 유지하기 위한 열 효율 : $\eta = 1 - \dfrac{T_C}{T_H} = 1 - \dfrac{280K}{300K} = \dfrac{20}{300}$

② 손실되는 열로부터 위 효율을 도달하기 위해 필요한 일 : $\eta = \dfrac{|W|}{|Q|} = \dfrac{|W|}{6,000\,W}$

$\therefore$ 두 식을 결합하여 필요한 최소 동력의 양을 구하면

$\eta = \dfrac{20}{300} = \dfrac{|W|}{6,000\,W} \Rightarrow \dfrac{400}{6,000} = \dfrac{|W|}{6,000\,W} \Rightarrow |W| = 400\,W$

정답 및 해설   8.② 9.④ 10.②

11 대형 개방 탱크 바닥에 연결된 2개의 소형 노즐 A, B를 통하여 물을 동시에 배출시킨다. 노즐 A의 단면적이 노즐 B의 단면적의 2배일 때, 노즐 출구의 유속[ms^{-1}]과 유량[m^{3}s^{-1}]에 대한 설명으로 옳은 것은? (단, 마찰손실은 무시한다)

① 노즐 A와 노즐 B의 출구 유속은 같다.

② 노즐 A와 노즐 B의 출구 유량은 같다.

③ 노즐 출구의 유속은 중력가속도와 무관하다.

④ 노즐 B의 출구 유속은 노즐 A의 출구 유속의 2배이다.

12 0.5M의 NaOH 용액 5L를 완전히 중화하는 데 필요한 0.1M H$_2$SO$_4$ 용액의 부피[L]는?

① 5

② 12.5

③ 25

④ 37.5

13 화학공장 운영에 관한 비용추정에서 총생산비용을 제조비용과 일반경비로만 분류할 때, 일반경비에 해당하는 것은?

① 생산설비의 감가상각비

② 생산 제품의 운송 및 판매비용

③ 제품 생산을 위한 원료 구입비

④ 제품 생산을 위한 특허 사용료

14 피드백(feedback) 제어에 대한 설명으로 옳지 않은 것은?

① 비례(P) 제어기에서는 잔류편차(offset)가 존재한다.

② 비례-적분(PI) 제어기에서는 정상상태에서 잔류편차가 없어진다.

③ 비례-미분(PD) 제어기에서 미분 동작은 빠른 시간 내에 잔류편차를 제거한다.

④ 비례-적분-미분(PID) 제어기는 느린 제어 공정인 온도 및 농도 제어에 널리 이용된다.

11 탱크 하단부 유출 속도 $\Rightarrow mgh = \frac{1}{2}mv^2$ (m : 물의 질량, g : 중력가속도, h : 물의 높이, v : 유출속도)

$\Rightarrow v = \sqrt{2gh}$ 즉 유출속도는 중력가속도와 탱크내의 물의 높이와 관련 있다.

① ④ 위 식에 의하여 유출속도는 중력가속도와 탱크내의 물의 높이와 연관이 있으므로, A와 B의 출구 속도는 동일하다.

② 유량 $Q = Av$ (A : 면적, v : 유속)이므로 면적이 더 큰 B가 A보다 2배 더 유량이 크다.

③ 노즐 출구의 유속은 중력가속도에 영향을 받는다.

12 완전 중화는 H^+의 몰수와 OH^- 몰수가 동일할 경우 일어난다.

① 몰수 = 몰농도×부피의 관계식을 통해 구한다.

② NaOH 용액의 OH^- 몰수 = $0.5mol/L \times 5L = 2.5mol$

∴ 필요한 H^+ 몰수는 $2.5mol$이지만, 1몰의 H_2SO_4이 이온화될 때 2몰의 수소이온을 내놓기 때문에 ($H_2SO_4 \rightarrow 2H^+ + SO_4^{2-}$) 이를 고려하여 계산하면 다음과 같다.

$\Rightarrow 2 \times 0.1mol/L \times x$(용액의 부피) $= 2.5mol \Rightarrow x = 12.5L$

13 화학공장 운영에 관한 비용추정에서 총생산비용을 제조비용과 일반경비로만 분류하면 다음과 같다.

㉠ **제조비용** : 제품 생산과 관련된 모든 비용 (예 생산설비의 감가삼각비, 생산설비 유지비, 제품의 원료구입비, 제품 생산을 위한 특허 사용료 등)

㉡ **일반경비** : 제조비용 외 나머지 비용 (예 제품의 운송 및 판매비용, 행정처리비용, 판매영업비용, 연구개발비용, 예비비용 등)

14 ① 비례(P) 제어기는 오차에 비례해서 제어량을 조절하는 제어방식으로 즉각적인 빠른 반응을 보일 수 있다는 장점이 있지만, 미세한 편차인 잔류편차가 존재하는 단점이 있다.

② 비례-적분(PI) 제어기는 오차의 시간 적분치에 비례한 크기의 출력을 연속적으로 내는 제어기로써 정상상태에서 잔류편차를 0으로 만들 수 있다.

③ 비례-미분(PD) 제어기는 출력값의 급격한 변화에 제동을 걸어 Overshoot를 줄이고 안정성을 향상 시킬 수 있지만, 여전히 P제어 특성인 잔류편차는 제거할 수 없다.

④ 비례-적분-미분(PID) 제어기는 오차, 오차의 적분, 오차의 미분에 비례하는 3개항으로 구성되어 보다 안정적이고 정확한 제어를 할 수 있으며, 주로 온도 및 농도 제어에 널리 이용된다.

정답 및 해설 11.① 12.② 13.② 14.③

15 단일 성분의 다상계 평형(multiphase equilibrium)에 대한 설명으로 옳지 않은 것은?

① 삼중점에서 자유도는 0이다.

② 기체는 임계온도 이상에서 응축될 수 있다.

③ 이슬점에서 온도가 내려가면 평형 상태의 증기가 응축된다.

④ 순수한 성분의 증기와 액체가 평형 상태일 때의 압력이 증기압이다.

16 상대 습도에 대한 설명으로 옳은 것은?

① 포화 습도에 대한 절대 습도의 비이다.

② 수증기로 포화된 공기의 절대 습도를 의미한다.

③ 수증기의 포화 증기압에 대한 수증기 분압의 비이다.

④ 건조 기체 1 kg에 동반되는 수증기의 질량을 kg수로 나타낸 것이다.

17 단일 유체가 원통형 관 내부에서 난류(turbulent flow)로 흐를 때, 벽(wall) 근처와 난류중심 (turbulent core)에서의 속도구배와 온도구배에 대한 설명으로 옳은 것은?

① 속도구배와 온도구배는 벽 근처보다 난류중심에서 더 작다.

② 속도구배와 온도구배는 벽 근처보다 난류중심에서 더 크다.

③ 속도구배는 벽 근처보다 난류중심에서 더 크며, 온도구배는 벽 근처보다 난류중심에서 더 작다.

④ 속도구배는 벽 근처보다 난류중심에서 더 작으며, 온도구배는 벽 근처보다 난류중심에서 더 크다.

15 ① 깁스상률 $F = 2 - \pi + N$ (F : 계의자유도, π : 상의 수, N : 화학종의 수)에 의하여 삼중점에서의 자유도는 $F = 2 - 3 + 1 = 0$ 이다.

② 기체는 임계온도 이상에서 과열증기가 되어 응축되지 않는다.

③ 이슬점에서 온도가 내려가면 물질은 과포화상태가 되며, 과포화지점에서 해당온도 이슬점까지의 과포화된 양이 응축된다.

④ 증기압이란 순수한 증기가 순수한 액체의 평형면과 화학평형을 유지하며 갖는 압력이다.

16 ①②③ 상대습도는 '특정 온도에서 대기가 가지는 포화수증기압에 대한 현재 수증기압의 비'로써 아래와 같은 식 상대습도 $= \dfrac{\text{현재 수증기압}(hPa)}{\text{포화수증기압}(hPa)} \times 100\%$ 로 나타낼 수 있다.

④ 건조기체 1kg에 동반되는 수증기의 질량을 kg수로 나타낸 것은 혼합비를 나타내는 것이다.

이와 유사하게 습윤공기 1kg에 동반되는 수증기의 질량을 kg수로 나타낸 것을 비습이라고 한다.

혼합비 $= \dfrac{\text{수증기}(g)}{\text{건조공기}(kg)}$, 비습 $= \dfrac{\text{수증기}(g)}{\text{습윤공기}(kg)}$

17 속도 분포의 경우 벽 근처의 저항으로 인해 중심부보다 더 낮은 속도를 가지며 중심부로 이동함에 따라 점차 증가한다. 온도 분포의 경우 열원이 벽 근처에 있기 때문에 벽 근처가 더 높고 중심부로 이동함에 따라 점차 낮아진다. 이러한 경향성은 층류에서 난류로 바뀜에 따라 점차 감소하는 특징이 있지만, 층류와 난류 모두 속도구배 및 온도구배가 중심보다 벽 근처에서 더 크다는 것은 변하지 않는다.

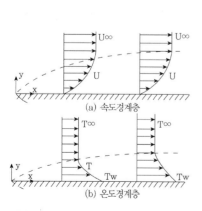

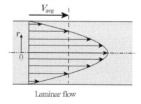

〈벽 근처에서 유체의 속도분포와 온도분포〉 〈관 내의 층류(위)와 난류(아래)의 속도분포〉

정답 및 해설 15.② 16.③ 17.①

18 Stokes 법칙이 적용되는 밀도 $1 \, kg \, m^{-3}$, 점도 $2 \times 10^{-5} kg \, m^{-1} \, s^{-1}$의 유체 내 구형 단일입자가 중력에 의해 자유침강(free settling)하고 있다. 구형입자의 종말속도는 $2 \times 10^{-3} m \, s^{-1}$이고 항력계수(drag coefficient)가 1,000일 때, 입자의 지름[mm]은?

① 0.24　　　　　　　　　　　　② 0.48

③ 2.4　　　　　　　　　　　　④ 4.8

19 그림 (가), (나)와 같이 2개의 단열재가 직렬로 연결된 평면 벽을 통한 정상상태 열전도가 있다. (가)와 (나)에서 벽의 두께 방향으로의 열흐름속도 및 열흐름면적이 같을 때, (가)의 온도구배 ΔT_1과 (나)의 온도구배 ΔT_2의 비 $\left(\dfrac{\Delta T_1}{\Delta T_2} \right)$는? (단, d와 k는 각각 임의의 벽 두께와 열전도도 값이다)

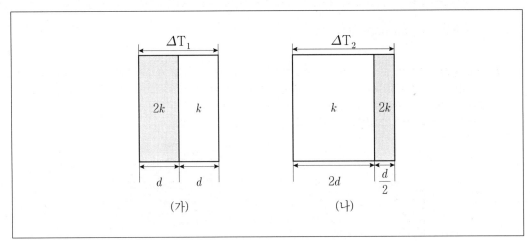

① $\dfrac{1}{3}$　　　　　　　　　　② $\dfrac{1}{2}$

③ $\dfrac{2}{3}$　　　　　　　　　　④ $\dfrac{3}{4}$

18 stokes 법칙이 적용되는 항력계수와 레이놀즈 수의 관계, 입자의 종말속도와 관련된 레이놀즈 수에 관한 식은 다음과 같다.

① $C_D = \dfrac{24}{Re}$ (C_D : 항력계수, Re : 레이놀즈 수) $\Rightarrow Re = \dfrac{24}{C_D}$

② $Re = \dfrac{\rho u_t D_p}{\mu}$ (ρ : 유체의밀도, u_t : 입자의 종말속도, D_p : 입자의 직경, μ : 유체의점도)

∴ ①식과 ②식을 결합하여 입자의 직경을 구하면 다음과 같다.

$$\Rightarrow Re = \frac{24}{C_D} = \frac{\rho u_t D_p}{\mu} \Rightarrow \frac{24}{1,000} = \frac{1\,kg\,m^{-3} \times (2 \times 10^{-3}\,m\,s^{-1}) \times D_p}{2 \times 10^{-5}\,kg\,m^{-1}\,s^{-1}}$$

$$\Rightarrow D_p = \frac{24}{1,000} \times \frac{2 \times 10^{-5}\,kg\,m^{-1}\,s^{-1}}{1\,kg\,m^{-3} \times (2 \times 10^{-3}\,m\,s^{-1})} \Rightarrow D_p = 24 \times 10^{-5}\,m = 0.24\,mm$$

19 다층벽의 열전도도 $Q = \dfrac{\triangle T}{R_1 + R_2 \cdots}$ 식을 이용한다.

① (가)에 해당하는 열흐름속도 $Q_{가} = \dfrac{\triangle T_1}{\dfrac{d}{2kA_{가}} + \dfrac{d}{kA_{가}}}$ (A는 면적)

② (나)에 해당하는 열흐름속도 $Q_{나} = \dfrac{\triangle T_2}{\dfrac{2d}{kA_{나}} + \dfrac{\frac{d}{2}}{2kA_{나}}} = \dfrac{\triangle T_2}{\dfrac{2d}{kA_{나}} + \dfrac{d}{4kA_{나}}}$ (A는 면적)

∴ (가)와 (나)에서 열흐름속도가 같다고 했으므로 $Q_{가} = Q_{나}$ 가 성립하고 위의 식을 넣으면 다음과 같다.

$$\frac{\triangle T_1}{\dfrac{d}{2kA_{가}} + \dfrac{d}{kA_{가}}} = \frac{\triangle T_2}{\dfrac{2d}{kA_{나}} + \dfrac{d}{4kA_{나}}}$$

열흐름면적도 같기에 $A_{가} = A_{나} = A$를 활용하여 식을 정리하면 $\dfrac{\triangle T_1}{\dfrac{d}{2kA} + \dfrac{d}{kA}} = \dfrac{\triangle T_2}{\dfrac{2d}{kA} + \dfrac{d}{4kA}}$ 이 된다.

∴ 식을 $\dfrac{\triangle T_1}{\triangle T_2}$ 로 정리하면 $\dfrac{\triangle T_1}{\triangle T_2} = \dfrac{\dfrac{d}{2kA} + \dfrac{d}{kA}}{\dfrac{2d}{kA} + \dfrac{d}{4kA}} = \dfrac{\dfrac{3d}{2kA}}{\dfrac{9d}{4kA}} = \dfrac{2}{3}$ 가 성립한다.

정답 및 해설 18.① 19.③

20 비반응속도가 $1h^{-1}$인 1차 비가역 액상반응 $A \rightarrow B$가 일어나는 연속교반 탱크 반응기(CSTR)를 등온의 정상상태에서 4h의 공간시간으로 운전하고 있다. 기존 반응기와 같은 전환율을 얻을 수 있는 신규 CSTR을 설계할 때 새로운 촉매를 사용하여 비반응속도를 $2.5h^{-1}$로 증가시켰다면, 기존 반응기 대비 신규 반응기의 부피 비는? (단, 반응물, 공급 유량, 운전 온도는 기존 반응기와 신규 반응기에서 같다)

① 0.4 ② 0.5

③ 0.6 ④ 0.7

20

CSTR 반응기 설계식을 이용한다. $V = \dfrac{F_{A0}X}{-r_A}$ (F_{A0} : 반응물의 몰유량, X : 전환율, $-r_A$: 반응속도)

① 기존의 반응기 부피 $V_1 = \dfrac{F_{1A0}X_1}{-r_A} = \dfrac{F_{1A0}X_1}{1h^{-1}}$

② 신규 반응기 부피 $V_2 = \dfrac{F_{2A0}X_2}{-r_A} = \dfrac{F_{2A0}X_2}{2.5h^{-1}}$

∴ 반응물, 반응물의 공급유량, 전환율이 모두 같다고 했으므로 $F_{1A0}X_1 = F_{2A0}X_2 = F_{A0}X$ 이며, 이후 $\dfrac{V_2}{V_1}$ 로

정리하면 다음과 같다. $\Rightarrow \dfrac{V_2}{V_1} = \dfrac{\dfrac{F_{A0}X}{2.5h^{-1}}}{\dfrac{F_{A0}X}{1h^{-1}}} = \dfrac{1h^{-1}}{2.5h^{-1}} = \dfrac{4}{10} = 0.4$

정답 및 해설 20.①

1 헵탄(C_7H_{16})의 연소 반응에서 양론 계수 a, b, c의 합은?

$$C_7H_{16}(g) + aO_2(g) \rightarrow bCO_2(g) + cH_2O(g)$$

① 11　　　　　　　　　　　　② 18

③ 26　　　　　　　　　　　　④ 27

2 한 변의 길이가 a인 정삼각형 모양의 단면을 갖는 관의 상당지름(equivalent diameter)은?

① $\dfrac{\sqrt{3}}{3}a$　　　　　　　　　　② $\dfrac{\sqrt{2}}{2}a$

③ $\dfrac{\sqrt{3}}{2}a$　　　　　　　　　　④ a

3 원형관에서 비압축성 유체가 정상상태 흐름일 때, 평균 유속에 대한 설명으로 옳은 것은?

① 관의 지름에 정비례한다.

② 관의 지름의 제곱에 정비례한다.

③ 관의 지름의 제곱에 반비례한다.

④ 관의 지름에 관계없이 일정하다.

1 양변에 해당하는 원소의 개수를 동일하게 맞춘다.

① C원자의 개수 : 좌변-7개   ∴ 우변도 7개가 되기 위해 CO_2 앞의 계수는 7이 된다. (b=7)

② H원자의 개수 : 좌변-16개   ∴ 우변도 16개가 되기 위해 H_2O 앞의 계수는 8이 된다. (c=8)

③ O원자의 개수 : 우변-7CO_2, 8H_2O 이므로 $(7 \times 2 + 8 \times 1) = 22$개   ∴ O_2 앞의 계수는 11이 된다. (a=11)

∴ a+b+c = 11+7+8 = 26

2 상당지름과 관련된 식은 다음과 같다. 상당지름 $= 4 \times \dfrac{\text{도형의 면적}}{\text{도형의 둘레}}$

① 정삼각형의 면적 : 밑변은 a, 높이는 $a \times \sin 60^o = \dfrac{\sqrt{3}}{2}a$ 이므로 $\dfrac{1}{2} \times a \times \dfrac{\sqrt{3}}{2}a = \dfrac{\sqrt{3}}{4}a^2$

② 정삼각형의 둘레 : $3a$

∴ 상당지름 $= 4 \times \dfrac{\dfrac{\sqrt{3}}{4}a^2}{3a} = \dfrac{\sqrt{3}}{3}a$

3 질량유속에서 평균속도를 이끌어 내면 다음과 같다.

$$\dot{m} = \rho u_m A \Rightarrow u_m = \frac{\dot{m}}{\rho A} = \frac{4\dot{m}}{\rho \pi D_0^2} \quad (\rho\text{는 밀도, } A\text{는 면적})$$

이후 질량유속을 반지름의 함수로 (관의 길이와 관련된 함수) 표현하면

$$\dot{m} = \int_A \rho u(r) dA = \int_0^{r_0} \rho u(r) 2\pi r dr = 2\pi \rho \int_0^{r_0} u(r) 2r dr \text{ 이며, 위의 식에 대입하여 정리하면}$$

$$u_m = \frac{4\dot{m}}{\rho \pi D_0^2} = \frac{4 \times 2\pi \rho \int_0^{r_0} u(r) r dr}{\rho \pi D_0^2} = \frac{8 \int_0^{r_0} u(r) r dr}{D_0^2}$$

∴ 평균속도는 원형관의 지름의 제곱에 반비례한다.

정답 및 해설 1.③ 2.① 3.③

4 점토의 겉보기 밀도(apparent density)가 1.5g·cm^{-3}이고, 진밀도(true density)가 2.0g·cm^{-3}일 때, 공극률은?

① 0.2 ② 0.25

③ 0.5 ④ 0.75

5 300K, 10atm에서 2kg의 공기가 들어있는 밀폐된 강철용기에 추가로 공기 2kg을 넣어 450K에 도달하였을 때, 용기 내의 압력[atm]은? (단, 용기의 부피 변화는 없고, 공기는 이상기체이다)

① 10 ② 20

③ 30 ④ 40

6 그림은 서로 다른 세 가지 물질 A, B, C로 구성된 다중의 평면벽이다. 벽의 두께(x) 방향으로의 정상상태 열전도만을 고려할 때, 열전도도(thermal conductivity)가 가장 큰 물질은? (단, 물질의 두께는 서로 같고, T는 온도를 나타낸다)

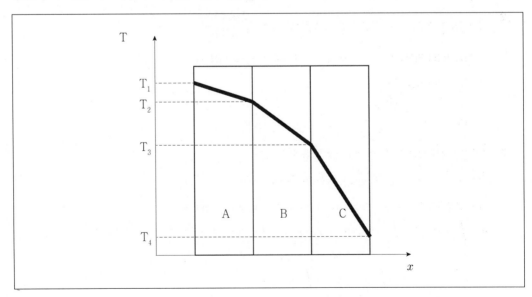

① A ② B

③ C ④ 세 물질 모두 같다.

4 공극률(%) = $\dfrac{\text{칼럼내 전체부피}(V_{bulk}) - \text{충진된 고체의 부피}(V_p)}{\text{칼럼내 전체부피}(V_{bulk})} \times 100\%$

① 진밀도 = $\dfrac{\text{시료의 질량}}{\text{충진된 고체의 부피}(V_p)} = \dfrac{x}{V_p} = 2g/cm^3 \Rightarrow x = 2V_p$

② 겉보기 밀도 = $\dfrac{\text{시료의 질량}}{\text{칼럼내 전체부피}(V_{bulk})} = \dfrac{x}{V_{bulk}} = 1.5g/cm^3 \Rightarrow V_{bulk} = \dfrac{x}{1.5} = \dfrac{2V_p}{1.5}$

③ 공극률(%) = $\dfrac{V_{bulk} - V_p}{V_{bulk}} \times 100\% = \dfrac{\dfrac{2V_p}{1.5} - V_p}{\dfrac{2V_p}{1.5}} \times 100\% = \dfrac{2V_p - 1.5V_p}{2V_p} \times 100\% = 25\%$

5 이상기체 상태방정식인 $PV = nRT$를 이용한다. (P : 압력, V : 부피, n : 몰수, R : 기체상수, T : 절대온도)

① 밀폐용기를 통해 V는 고정된 상수이며, 결국 압력은 몰수와 온도에 비례하는 관계를 갖는다. ($P \propto nT$)

② 추가로 2kg 공기를 더 넣었기에 초기에 비해 몰수는 2배 증가하였고 (몰수 = $\dfrac{\text{질량}}{\text{분자량}}$에서 분자량은 일정)

온도도 300K에서 450K로 증가하였기에 1.5배 증가하였음을 알 수 있다.

∴ 초기에 비해 몰수는 2배, 온도는 1.5배 증가 했으므로 압력은 2×1.5=3배 증가된 30atm이 된다.

6 열전도와 관련된 식 $Q = -Ak\dfrac{dT}{dx}$ (k : 열전도도, A : 면적)을 이용한다.

먼저 위의 식을 이용하여 열전도도의 식으로 표현하면 $k = -\dfrac{Q}{A}\dfrac{dx}{dT}$로 정리된다.

접하고 있는 각 A, B, C의 면적은 같고 정상상태로 인해 Q도 일정하므로 열전도도는 $k = C\dfrac{dx}{dT}$ (C : 상수), 주어진 그래프의 기울기 역수에 비례한다.

∴ 온도에 따른 거리에 대한 기울기가 가장 높은 물질 A가 가장 열전도도가 크다.

정답 및 해설 4.② 5.③ 6.①

7 1mol의 암모니아와 2.2mol의 산소가 다음과 같이 반응할 때, 한계반응물의 전화율이 80%라면 반응 후 남아있는 산소의 양[mol]은?

$$NH_3(g) + 2O_2(g) \rightarrow HNO_3(g) + H_2O(g)$$

① 0.2   ② 0.6

③ 0.8   ④ 1.0

8 증기흡착평형에서 흡착층이 다분자층을 형성한다는 가정하에 유도된 다음 식에 해당하는 것은? (단, p는 압력, v는 p에서의 기체 흡착량, v_m은 단분자층 흡착량, p_o는 평형온도에서 증기의 포화증기압, C는 실험값이다)

$$\frac{p}{v(p_o - p)} = \frac{1}{Cv_m} + \frac{(C-1)p}{Cv_m p_o}$$

① BET 식   ② Henry 식

③ Langmuir 식   ④ Freundlich 식

9 표준상태(0℃, 1atm)에서 활성탄 1g에 질소분자 0.448L를 흡착시켰다. 질소분자 1개가 차지하는 흡착면적이 4.0×10^{-16} cm²일 때, 활성탄의 표면적[m²]은? (단, 아보가드로(Avogadro) 수는 6×10^{23}이고, 표준상태에서 질소분자 1mol이 차지하는 부피는 22.4L이며, 질소분자는 활성탄 전체 표면에 빈틈없이 한 층으로 흡착된다)

① 80   ② 120

③ 240   ④ 480

10 기체 반응 A→3B가 일정 온도에서 일어난다. 크기가 일정한 반응기 내의 초기 압력이 1bar 이고, A와 B의 초기 양은 각각 2mol과 0mol이다. 전화율(X)이 0.5와 1.0인 경우 반응기 내의 최종 압력[bar]은? (단, A와 B는 이상기체이다)

	X = 0.5	X = 1.0
①	1.5	2
②	1.5	3
③	2	3
④	2.5	3

---

7 주어진 반응식을 통해 양론 계수비가 1:2이므로, 한계반응물은 암모니아임을 알 수 있다.

① 반응 전 : 암모니아=1 mol, 산소=2.2 mol

② 반응 : 암모니아=1×0.8=0.8 mol, 산소=2×0.8=1.6 mol

∴ 반응 후 : 암모니아=1-0.8=0.2 mol, 산소=2.2-1.6=0.6 mol

8 ① BET 식 : $\dfrac{p}{v(p_o-p)}=\dfrac{1}{Cv_m}+\dfrac{(C-1)p}{Cv_mp_o}$

② Henry 식 : $q=\beta c$ (q: 흡착제 무게당 흡착된 용질의 질량, β: 흡착평형상수, c: 평형상태의 용액 농도)

③ Langmuir 식 : $\dfrac{p}{v}=\dfrac{1}{v_mK}+\dfrac{p}{v_m}$ (K: 흡착평형상수)

④ Freundlich 식 : $\theta=cp^{1/n}$ (θ: 물질이 덮힌정도, c: 흡착등온상수, n: 실험상수)

9 ① 흡착된 질소분자의 몰수 : $1\,mol : 22.4\,L = x\,mol : 0.448\,L \Rightarrow x=\dfrac{2}{100}\,mol$

② 흡착된 질소분자의 총 개수 : $(6\times10^{23}\,\dfrac{개}{mol})\times\dfrac{2}{100}\,mol=12\times10^{21}$ 개

③ 활성탄에 흡착된 총 질소의 면적 : $(12\times10^{21}\,개)\times(4.0\times10^{-16}\,\dfrac{cm^2}{개})=48\times10^5\,cm^2=480m^2$

10 이상기체 상태방정식인 $PV=nRT$에서, 온도가 일정하고 반응기 크기가 일정하므로 압력은 몰수에 비례한다. $(P\propto n)$

기체 반응식이 A→3B이므로 전화율과 함께 고려하여 반응 후의 남아 있는 각 기체의 몰수를 구하면 다음과 같다.

① X=0.5인 경우 : 반응 전 (A: 2 mol, B: 0 mol) → 반응 후 (A: (2-2×0.5)=1 mol, B: (0+1×3)=3 mol)

② X=1.0인 경우 : 반응 전 (A: 2 mol, B: 0 mol) → 반응 후 (A: (2-2×1)=0 mol, B: (0+2×3)=6 mol)

∴ 초기 2 mol 상태일 때 압력이 1 bar이므로

　X=0.5일 때 총 몰수 4 mol의 압력은 2 bar, X=1.0일 때 총 몰수 6 mol의 압력은 3bar가 된다.

정답 및 해설 7.② 8.① 9.④ 10.③

11 400,000kW 용량으로 건설된 발전소에서 스팀은 600K에서 생산되며 발생되는 열은 300K인 강물로 제거된다. 발전소의 열효율이 최대 가능한 열효율의 80%일 때, 강물로 제거되는 열 [kW]은?

① 300,000

② 600,000

③ 900,000

④ 1,200,000

12 점도가 시간 의존성을 갖는 유체로만 옳게 짝 지은 것은?

① Newtonian 유체, Pseudoplastic 유체

② Rheopectic 유체, Thixotropic 유체

③ Newtonian 유체, Thixotropic 유체

④ Pseudoplastic 유체, Rheopectic 유체

13 차원(dimension)이 같은 것으로만 옳게 짝 지은 것은?

ㄱ 점도(viscosity)

ㄴ 열전도도(thermal conductivity)

ㄷ 동점도(kinematic viscosity)

ㄹ 확산계수(diffusion coefficient)

---

① ㄱ, ㄴ

② ㄱ, ㄹ

③ ㄴ, ㄷ

④ ㄷ, ㄹ

14 감가상각비의 결정요소가 아닌 것은?

① 취득원가

② 내용연수

③ 잔존가치

④ 수리수선비

11 열 효율과 관련된 식을 적용한다.

$$\eta = \frac{|W|}{|Q_H|} = \frac{|Q_H| - |Q_C|}{|Q_H|} = 1 - \frac{|Q_C|}{|Q_H|} = 1 - \frac{T_C}{T_H}$$

$$\therefore \ \eta = 1 - \frac{T_C}{T_H} = 1 - \frac{300K}{600K} = 0.5 \ \Rightarrow \ \eta_{실제} = 0.5 \times 0.8 = 0.4$$

$$\Rightarrow \eta_{실제} = \frac{|W|}{|Q_H|} \ \Rightarrow |Q_H| = \frac{|W|}{\eta_{실제}} = \frac{400,000kW}{0.4} = 1,000,000kW$$

$$\Rightarrow |W| = |Q_H| - |Q_C| \ \Rightarrow |Q_C| = |Q_H| - |W| = 1,000,000kW - 400,000kW = 600,000kW$$

12 ㉠ Newtonian 유체 : 전단속도에 따른 전단응력이 같은 비율로 증가하여 점도가 일정한 유체이다.

ㄴ Pseudoplastic 유체 : 전단속도가 증가함에 따라 점도가 감소하는 유체로 시간과 무관하다.

ㄷ Rheopectic 유체 : 점도가 시간이 지남에 따라 증가하는 유체, 전단이 계속되면서 구조가 형성 됨

ㄹ Thixotropic 유체 : 점도가 시간이 지남에 따라 감소하는 유체, 전단이 계속되면서 구조가 파괴 됨

13 해당되는 $MLT\theta$ 차원으로 변환하면 아래와 같다. (M : 질량, L : 길이, T : 시간, θ : 온도)

ㄱ 점도 : $\mu = [Ns/m^2] = [kgm/s^2][s/m^2] = ML^{-1}T^{-2}$

ㄴ 열전도 : $k = [W/mK] = [J/smK] = [Nm/smK] = [kgm^2/s^3mK] = MLT^{-3}\theta^{-1}$

ㄷ 동점도 : $\nu = [cm^2/s] = L^2T^{-1}$

ㄹ 확산계수 : $D = [cm^2/s] = L^2T^{-1}$

14 취득원가의 연도별 배분금액을 감가상각비라고 하며, 이러한 감가상각비를 결정하기 위해서는 취득원가, 잔존가치, 내용연수 이 세 가지가 중요하다.

① **취득원가** : 유형자산의 매입가액에 본래의 용도에 사용할 수 있을 때까지 소요된 모든 부대비용을 가산한 금액

② **잔존가치** : 잔존가치는 유형자산의 폐기시점에서 회수할 수 있는 금액

③ **내용연수** : 자산의 취득시점에서부터 폐기할 때까지의 기간한 예로, 정액법은 감가상각에서 많이 활용되는 방법으로 유형자산의 감가상각이 시간의 경과에 정비례하여 발생하는 것으로 가정하여 매년 동일한 금액을 감가상각비로 인식하여 산정하는 방식으로 관련식은 아래와 같다.

감가상각비 = (취득원가 - 잔존가치) $\times \dfrac{1}{\text{내용연수}}$

정답 및 해설 11.② 12.② 13.④ 14.④

15 일정 온도로 유지되는 밀폐용기에 60mol%의 A와 40mol%의 B가 액체혼합물로 증기와 평형을 이룰 때, 계의 전체압력[mmHg]은? (단, 해당온도에서 순수한 A와 B의 증기압은 각각 400mmHg과 1,000mmHg이고, 기상은 이상기체, 액상은 이상용액이다)

① 240

② 500

③ 640

④ 700

16 그림과 같이 직경이 일정하고 마찰이 없는 매끈한 수평관에 밀도가 1.2kg · m⁻³인 비압축성 기체가 유속(u) 13m · s⁻¹로 흐를 때, 압력계의 높이차(△h)[cm]는? (단, 점성 영향을 무시할 수 있는 정상상태 흐름이고, 액체 A의 밀도는 1,015.2kg · m⁻³이며, 중력가속도는 10m · s⁻²이다)

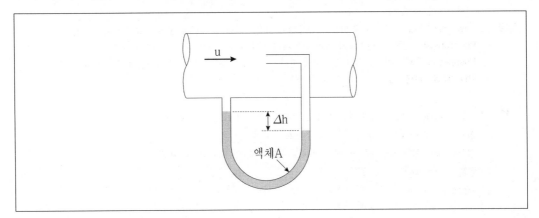

① 0.01

② 0.1

③ 1

④ 10

15 라울의 법칙을 이용한다.

$$P = x_A P^* + (1-x_A)P_B^*$$

(P : 전압, P_A^* : 순수한 에탄올을 증기압, P_B^* : 순수한 메탄올의 증기압 x_A : 에탄올의 액상 몰분율)

$$\therefore \ P = x_A P^* + (1-x_A)P_B^* \Rightarrow 0.6 \times (400\,mmHg) + 0.4 \times (1{,}000\,mmHg) = 640\,mmHg$$

16

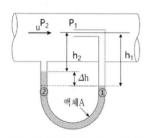

붉은색 점선부분을 기준으로 압력에 대한 Balance를 세우면 다음과 같다.

$$P_① = P_1 + \rho_{액}gh_1, \ \ P_② = P_2 + \rho_{기}gh_2 + \rho_{액}g\triangle h$$

파스칼 원리에 의해 $P_① = P_②$

$$\therefore \ P_1 + \rho_{기}gh_1 = P_2 + \rho_{기}gh_2 + \rho_{액}g\triangle h \Rightarrow P_1 - P_2 = \rho_{기}gh_2 - \rho_{기}gh_1 + \rho_{액}g\triangle h$$

$$\Rightarrow \frac{P_1 - P_2}{\rho_{기}} = g\triangle h(\frac{\rho_{액}}{\rho_{기}} - 1)$$

P_1과 P_2지점에 대한 베르누이 법칙을 적용하면

$$\frac{P_1}{\rho_{기}} + \frac{v_1^2}{2} + z_1 = \frac{P_2}{\rho_{기}} + \frac{v_1^2}{2} + z_2 \Rightarrow \frac{P_1}{\rho_{기}} = \frac{P_2}{\rho_{기}} + \frac{v_1^2}{2} \Rightarrow \frac{P_1 - P_2}{\rho_{기}} = \frac{v_1^2}{2}$$

(v_1은 정체점에 있으므로 0이고 , z_1과 z_2는 동일선상에 있다고 가정)

베르누이 법칙을 통해 얻은 식을, 초기 압력에 의한 Balance를 통해 얻은 식에 대입하면

$$\frac{P_1 - P_2}{\rho_{기}} = g\triangle h(\frac{\rho_{액}}{\rho_{기}} - 1) \Rightarrow \frac{v^2}{2} = g\triangle h(\frac{\rho_{액}}{\rho_{기}} - 1)$$

이후 $\triangle h$에 대해 정리하면 다음과 같다.

$$\frac{v^2}{2} = g\triangle h(\frac{\rho_{액}}{\rho_{기}} - 1) \Rightarrow \triangle h = \frac{v^2}{2g} \frac{\rho_{기}}{(\rho_{액} - \rho_{기})}$$

$$\Rightarrow \triangle h = \frac{(13\,m/s)^2}{2 \times 10\,m/s^2} \frac{1.2\,kg/m^3}{(1015.2\,kg/m^3 - 1.2\,kg/m^3)} = 0.01m = 1\,cm$$

정답 및 해설 15.③ 16.③

17 Prandtl수(N_{Pr})에 대한 설명으로 옳지 않은 것은?

① 무차원 수이다.

② 온도 변화에 관계없이 일정하다.

③ 동점도를 열확산계수로 나눈 값이다.

④ 유체역학적 경계층의 두께와 열경계층 두께의 비를 결정하는 매개변수이다.

18 열전달 현상에 대한 설명으로 옳지 않은 것은?

① 자연대류는 온도 차에 의해 유발되는 밀도 차에 따라 발생한다.

② 고체에서 열전도는 인접한 진동 분자 또는 원자 간의 운동량 전달이나 자유전자의 운동에 의해 일어난다.

③ 흑체에서 방출되는 복사 에너지는 표면의 절대 온도의 네제곱에 정비례한다.

④ 복사는 전자기파의 이동에 의해 일어나며, 복사 전달은 공기 중에서 가장 효과적이다.

19 $\dfrac{Du}{\alpha}$ 와 같은 것은? (단, α는 열확산계수, D는 관 지름, u는 유체의 평균 유속이다)

① Reynolds수 × Peclet수

② Nusselt수 × Schmidt수

③ Stanton수 × Schmidt수

④ Reynolds수 × Prandtl수

20 카르노 열펌프(Carnot heat pump)에 대한 설명으로 옳지 않은 것은?

① 성능계수(coefficient of performance)는 절대온도의 함수이다.

② 성능계수는 저온에서 흡수한 열을 투입되는 일로 나눈 값이다.

③ 투입되는 일은 열을 고온의 열저장고로부터 저온의 열저장고로 이송시키는 데 사용된다.

④ 냉동기가 280K로 유지되고 외부로의 열전달이 300K에서 이루어진다면 카르노 성능계수는 14이다.

17 Prandtl수는 운동량 확산도인 점성도와 열확산도의 비를 근사적으로 표현하는 무차원 수(운동량 확산도와 열확산도 각 차원이 L^2/T 같기에)이며 다음과 같이 표현된다. 일반적으로 열 경계층과 운동량 경계층 사이에 상대적인 크기를 나타내는 매개변수이다.

$$\Pr = \frac{\nu}{\alpha} \ (\nu : 동적점성계수 \ \alpha : 열확산계수), \quad \Pr = \frac{\nu}{\alpha} = \frac{\dfrac{\mu}{\rho}}{\dfrac{k}{\rho c_p}} = \frac{c_p \mu}{k} \ (\mu: 점도, \ k : 열전도도, \ c_p : 비열용량)$$

② 열전도도가 온도에 따른 함수이므로 온도변화에 관계없이 일정하지 않다.

18 ① 자연대류는 유체의 온도차이로 인한 밀도차이에 의해 발생하는 부력이 유체의 유동을 생기게 할 때 발생한다.
② 고체의 열전달은 밀접한 원자 및 분자들 사이에서 진동분자 또는 원자간의 운동량 전달이나 자유전자 운동에 의해 발생한다.
③ 흑체에서 방출되는 복사에너지는 슈테판-볼츠만 법칙에 의해 표면의 절대온도의 네제곱에 비례한다.
($Q = \sigma A T^4$, σ : 슈테판-볼츠만 상수, A : 표면적, T : 절대온도)
④ 복사는 전자기파의 이동에 의해 일어나며, 복사 전달은 매질이 없는 진공에서 가장 효과적이다.

19 ① $\dfrac{\rho u D}{\mu}$ (Reynolds수) $\times \dfrac{Lu}{D}$ (Peclet수) $= \dfrac{\rho u^2 L}{\mu}$ (L : 특성길이, ρ : 밀도, μ : 점도)

② $\dfrac{hL}{k}$ (Nusselt수) $\times \dfrac{\mu}{\rho D}$ (Schmidt수) $= \dfrac{hL\mu}{k\rho D}$ (h : 열전달계수, k : 열전도도)

③ $\dfrac{h_{mass}}{u}$ (Stanton수) $\times \dfrac{\mu}{\rho D}$ (Schmidt수) $= \dfrac{h_{mass}}{\rho D}$ (h_{mass} : 물질전달계수)

④ $\dfrac{\rho u D}{\mu}$ (Reynolds수) $\times \dfrac{\dfrac{\mu}{\rho}}{\alpha}$ (Prandtl수) $= \dfrac{uD}{\alpha}$

20 ① 성능계수는 $cop_r = \dfrac{T_{저온}}{T_{고온} - T_{저온}} = \dfrac{Q_{저온}}{W}$ 이며 이처럼 절대 온도의 함수이다.

② ①의 식에서 확인되는 것과 같이 저온에서 흡수한 열을 투입되는 일로 나눈 값이다.

③ 투입되는 일은 열을 저온의 열저장고로부터 고온의 열저장고로 이송시키는 데 사용된다.

④ ①의 식을 통해 $cop_r = \dfrac{T_{저온}}{T_{고온} - T_{저온}} = \dfrac{280K}{300K - 280K} = 14$ 이다.

정답 및 해설 17.② 18.④ 19.④ 20.③

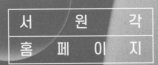